இரசவாதம்

அறிவியலின் மறைந்த பக்கம்

ஜுல்பிஹார் அஹமது. க

பொருளடக்கம்

முன்னுரை

நாம் அன்றாட வாழ்வில் பயன்படுத்தும் ஓர் சாதாரண செயல்முறையாக தற்போது விளங்கும், இரசவாததை என் அக்காலத்தில் எதிர்த்தனர்?

ஓர் இரசவாதியை ஏன் சூனியகாரர் உடன் ஒப்பிடுகின்றனர்?

நியூட்டன் ராயல் சொசைட்டின் தலைவராக இருந்த போதும் அவர் இந்த இரசவாததை மேற்கொள்ளவதை இரகசியம் காத்தது ஏன்? அப்படி என்னதான் செய்கிறார்கள் இரசவாதிகள்? அவர்கள் யார்?

இரசவாதம் என்பது எந்த ஒரு மதிப்பு குறைத்த உலோகத்தையும் மதிப்பு மிக்க தங்க உலோகமாக மாற்றுவது. இதன் மூலம் இறவா தன்மை அடைதல் உட்பட பல நோக்கங்களை கொண்டது .

அறிவியலின் மறைந்த பக்கமாக என்று வரை விளங்கும் இரசவாதம் நமக்கு பல கேள்விகளை முன் வைக்கிறது.

நியூட்டனின் இரசவாத ஆய்வுகளை பற்றியும் பயன்பாட்டு ரீதியான இரசவாதம் பற்றியும், மேலும் கதைகளின் மூலம் அதன் வளர்ச்சியையும் விவரிக்கறது.

1

இரசவாதம் எனும் மாயாஜாலம்

இரசவாதம் (உச்சரிப்பு-ரசவாதம்) என்பது தத்துவியல் (Philosophical) மற்றும் முற்கால அறிவியலில் (Protoscientifical) பயன்படுத்திய சொல். இந்த இரசவாதத்தின் படி, எந்த ஒரு மதிப்பு குறைத்த உலோகத்தையும் மதிப்பு மிக்க தங்க உலோகமாக மாற்றுவது. இதன் மூலம் இறவா தன்மை அடைதல் உட்பட பல நோக்கங்களை கொண்டது. இது பண்டைய ***கிரீஸ், சீனா, எகிப்து, இந்தியா*** மற்றும் ***அரேபியா***நாடுகளின் குறிப்புகளில் பரவலாக காணப்படுகிறது.

ஆங்கிலத்தில் இது Alchemyஎன்று அறியப்படுகிறது. இதற்கான பெயர் எங்கிருந்து வந்தது என்று இதுவரை எவராலும் நிரூபிக்க முடியவில்லை. அனைவரும் தங்களின் யூகங்களை மட்டுமே கூறி வருகின்றனர். அனைவராலும் பொதுவாக ஏற்று கொள்ளப்பட்ட விளக்கம்.

அல்கெமி (இரசவாதம்) (alchemy) என்ற வார்த்தை மத்தியகால லத்தீன் வார்த்தையில் *அல்கைமா (alchimia)* என்றும், பிரெஞ்சில் *அல்குமி (alquimie)* என்பதிலிருந்தும், அரேபிய மொழியில் *அல்-கிமியா (al-kimia)* (الكيمياء) என்பதிலிருந்தும் பெறப்பட்டிருக்கிறது. அல் — கெமி, அல் *al-* (ال என்ற அரேபிய வார்த்தை பன்மையை குறிக்கும் சொல். கெமி Chemy என்ற வார்த்தை பண்டைய கிரேக்க மொழியில் *கெமியா (chemeia)* (χημεία) என்பதிலிருந்து

பெறப்பட்டிருக்கிறது. மேலும் பண்டைய எகிப்திய மொழியில் *கீமே* *(kēme)* என்பதை அடிப்படையாகக் கொண்டிருக்கிறது. பிக்ட்டோக்ராம் (படஎழுத்து முறை) இதனை கருப்பு என குறிக்கிறது. இப்போது இவை கலவை என அழைக்கப்படுகிறது. பின்னாளில் அலெக்சாண்டரியாவில் இரசவாதம் உருவனதால் இவை Χημία என்பதிலிருந்து பெறப்பட்ட- தாக கருதப்பட்டது, பிறகு χημεία என்று ஆனது, இதன் உண்மையான விளக்கம் என்ன என்பது யாருக்கும் தெரியாது. தமிழில் இவ்விணைக்கு பாதரசம் பயன்பட்டதாலே இதற்கு இரசவாதம் என பெயர் வந்தது.

இந்த **இரசவாதம்**(*Alchemy*) சில முக்கிய கூறுகளை அடக்கியது. இந்த செயலை மேற்கொள்பவர் **இரசவாதி** (*Alchemist*) இதன் படி, எந்த ஒரு குறைந்த மதிப்பு உடைய எந்த ஓர்

உலோகத்தையும் (தாமிரம், காரீயம், பாதரசம்) மதிப்பு மிக்க உலக- மாக (குறிப்பாக தங்கமாக) மாற்றுவது தான் இதன் முதல் நோக்கம்.

Elixir of Life, எனப்படும் ஓர் நீர்மத்தை கொண்டு ஒருவருக்கு இறவாதன்மையை அளிப்பது. அதாவது சீரஞ்சீவியாக (**Elixir of Immortality**).

இதற்கு பயன்படுத்தும் ஒருவித பொருளின் பெயர் **தத்துவஞானியின் கல்**(*Philosopher's Stone*) . ஓர் இரசவாதி இதனை பயன்படுத்தி தான் அணைத்து இரசவாத வினைகளையுமும் மேற்கொள்வார். இவற்றை பற்றி நாம் கேட்கும் போது நமக்கு ஓர் சிரிப்பாக தோன்றலாம், ஆனால் இவை நம் வாழ்வில் எந்த அளவுக்கு ஓர் மாற்றத்தை உண்டாக்கி உள்ளது என்பதை இந்த புத்தகத்தை முழுவதும் படித்தால் உங்களுக்கு புரியும்.

நாம் இந்த இரசவாத வினைகளை பற்றி பார்க்கும் முன் ஏன் இதை செய்கிறார்கள், இதனால் என்ன நடக்கும் என்று பார்ப்போம். நானும் முதலில் இதனை பற்றி பெரிதாக கண்டு கொள்ளவில்லை பின் அறிவியல் உலகில் ஜாம்பவனாக விளங்கியசர். **ஐசக் நியூட்டன்** இந்த இரசவாத வினைகளின் எவ்வளவு ஈடுபடுகளுடன் இருந்தார் என்று தெரிந்த பிறகு தான் ஆர்வம் வந்தது.

அறிவியல் மற்றும் தத்துவியலின் அடிப்படையில் ஓர் கூற்று கூறப்பட்டு அது சரி என்று நிரூபிக்கும் வரை அதனை அனுமானம் என்று தான் அழைக்கின்றனர். அனுமானத்தை அடிப்படையாக வைத்து நகரும் அறிவியல் போலி அறிவியல் (Pseudoscience) லத்தீன் மொழியில் 'Pseudo' என்றால் போலி என்று பொருள். இந்த வகை வினைகள் முழுவதும் போலி என்பது பொருளல்ல நிரூபிக்க முடியதவையும், இது வரை நிரூபிக்கப் படாததும் இந்த வகையில் சேரும். அதே போல தான் முற்காலத்தில் பயன்படுத்தப்பட்ட அறிவியலை Protoscience என அழைக்கின்றனர். இது Prescience என்றும் அறியப்படுகிறது. இவை அனைத்திலும் இரசவாதம் பற்றிய குறிப்பு நமக்கு கிடைக்கிறது.

இந்த இரசவாதம் மூலம் தங்கத்தை கொண்டு வருவது தான் ஓர் இரசவாதியின் முழு நோக்கமல்ல இதன் பலன்களை பல நாம் இன்று அன்றாடம் பயன்படுத்தி வருகிறோம். இன்று அதனை தவிர்த்து நம்மால் வாழ முடியுமா என்றால் கேள்வியே. அதனுடைய சில பயன்களை காண்போம்,

1. தற்போது உள்ள அறிவியல் மிக முக்கிய துறைகளில் ஒன்று வேதியியல். இதன் இன்னொரு பெயர் ரசாயனவியல். இதன் மூலம் இரசவாதம் என கருதுகின்றன. ஆங்கிலத்தில் Chemistry எனும் சொல்லின் மூலம் Alchemy .

2. தற்போது சாயப்பற்றை போல பல இடங்களில் இதன் தாக்கம் உள்ளது.

3. 1919ல் ருதோர் போர்ட் அணுக்கரு மாற்றத்தினை கண்டறிந்தார். அது இரசவாததின் அடிப்படையான அணைத்து உலோகத்தையும் தங்கமாக மாற்றும் அடிப்படையாகும்.

இதேபோல பல உதாரணங்களை கூறிக்கொண்டே போகலாம். மத்திய மற்றும் மறுமலர்ச்சி கால ஐரோப்பாவில் இரசவாததை சூனியத்திற்கு நிகராக பார்த்தனர். ஐசக் நியூட்டன் இங்கிலாந்து ராயல் சொசைட்டி தலைவராக இருந்த போதும் மற்றவர்களுக்கு பயந்து இந்த வினைகளை மேற்கொண்டார். இதே போல இதற்கு பல மர்மமான வரலாறு உள்ளது.

வரலாற்றில் இரசவாதம்

தத்துவஞானிகளின்கல்லைதேடும்ஓர்இரசவாதி

இதன் வரலாற்றை நாம் பார்ப்பதற்கு மூன்று கண்டங்கள் மற்றும் 4000 ஆண்டுகளின் வரலாற்றை நாம் காணவேண்டும். இது பண்டைய வரலாற்றில் கிரேக்க — எகிப்திய இரசவாதம், சீன இரசவாதம், அரே-பிய இரசவாதம், இந்திய இரசவாதம் மற்றும் மத்திய காலகட்ட இரச-வாதம் உள்ளிட்ட பகுதிகளாக கிடைக்கிறது.

2

எகிப்திய — கிரேக்க இரசவாதம்

ஹெலனிய கால எகிப்து(Hellenistic period of Egypt) என்பது அலெக்சாண்டர் இறப்பிற்கு பின் அவர் கைப்பற்றிய பகுதிகள் ஐந்து பகுதியாக பிரிந்தது, அதனை ஹெலனிய காலம் என்கிறார்கள். அதில் எகிப்தின் ஆளுநராக இருந்த தலாமி (Ptolemy) எகிப்தில் கிமு 305ல் தலாமி பேரரசை நிறுவினார். இதில் எகிப்து உடன் மத்திய தரைக்கடல் பகுதி நாடுகளும் இருந்தது. இதன் தலைநகரம் அலெக்சாண்டரியவாக இருந்தது.

இரசவாதத்தின் தொடக்கம் இங்கு தான் என்று நம்பப்படுகிறது. பண்டைய உலகில் இந்நாகரிகம் அலெக்சாண்டரியாவை தலைநகராக வைத்து இரசவாதத்தை பரப்பி வந்தது. நமக்கு கிடைத்துள்ள இரசவாதம் தொடர்புடைய புத்தகங்களில் பழமையான ஒன்று Zosimos of Panopolis(Ζώσιμος ὁ Πανοπολίτης) இதற்கான விளக்கம் Zosimus the Alchemist. இந்த புத்தகம் யாரால் எழுதப்பட்டது என்பது தெரியவில்லை, இது கிபி மூன்றாம் நூற்றாண்டின் இறுதியில் அல்லது நான்காம் நூற்றாண்டின் தொடக்கத்தில் எழுதப்பட்டதாக கரு-தப்படுகிறது. இதனை எழுதியவர் யார் என்று தெளிவாக இன்று வரை தெரியவில்லை. பெரும்பாலானவர்களின் கூற்றுப்படி இந்த புத்தகத்தை எழுதியவர் Maria the Jewess (Mary the Prophetess)இவர் ஆரம்பகால இரசவாதிகளில் ஒருவர்,

Maria the Jewess

இந்த புத்தகத்தில் இரசவாதம் பற்றிய பல புரிதல்களை நமக்கு தரு-
கிறது. இதில் பாதரசம் மற்றும் தாமிரத்தை தங்கம் மற்றும் வெள்ளியாக
மாற்றுவது பற்றியுள்ளது. மேலும் நீரின் மூலக்கூறுகள் மற்றும் அதன்
இயக்கம் பற்றியும் குறிப்பிட்டுள்ளார், வளர்ச்சி என்றால் என்ன அது
எவ்வாறு நிகழ்கிறது என்பதும் உள்ளது. உடல்களில் இருந்து உயிர் பிரி-
வதை போன்றும், உடலும் உயிரும் எவ்வாறு பிணைத்துள்ளது என்பதை
பற்றியும் உள்ளது. இதிலிருந்து இரசவாதம் என்பது தங்கமாக்குவதை
தாண்டி பல விசயங்கள் உள்ளது என்பது புரியும். இந்த புத்தகத்தில்

Hermeticism மற்றும் ஞானக்கொள்கை (Gnosticism) ஆகியவற்றின் தாக்கம் தெரிகிறது. ஞானக்கொள்கை என்பது கிரேக்க கலாச்சாரத்தில் பரவிய யூதம், கிரேக்க-உரோமை மறைகள், சோராஸ்டரியம் மற்றும் புது-பிளேட்டனிசம் ஆகியவற்றோடும் தொடர்புடையதாய் உள்ளதாகும். ஹெர்மேட்சிசம் (Hermeticism) என்பது தந்திரமான தத்துவம் மற்றும் மந்திரங்களை உள்ளடக்கியதாகும்.

இதற்கு உதாரணமாக கிரேக்க தத்துவங்களுக்கு அடித்தளமாக இரசவாதம் உள்ளதை நாம் காணலாம். இது எம்பிடாக்லெஸிடம் தொடங்கி அறிஸ்டோடிலி -னால் கொள்கைகள் பரப்பப்பட்டது. அரிஸ்டோடிலின் கொள்கைகளின் படி இந்த பிரபஞ்சம் நன்கு கூறுகளினால் ஆனது. அவை நிலம், நீர், நெருப்பு, காற்று ஆகியவை ஆகும். ஓசிரிஸ், ஐசிஸ், ஜேசன் உள்ளிட்ட கிரேக்க கடவுள்களை வைத்தும் நகர்கிறது இந்த புத்தகம். தற்போது வேதியலில் பயன்படுத்தும் பதிகமாகுதல், வடித்தல் போன்ற அடிப்படை இதில் காணப்படுகிறது.

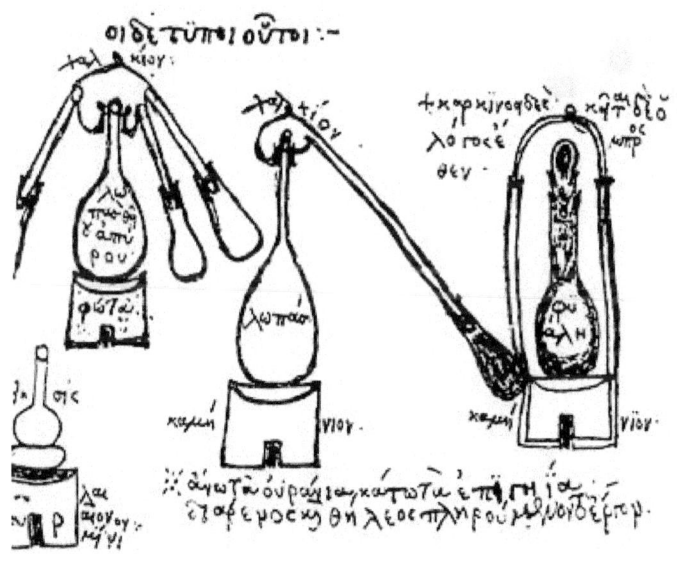

மேலே உள்ள படம் 15ம் நூற்றாண்டில் இந்த புத்தக அடிப்படையாக வைத்து உருவாக்கப்பட்ட Distillation Unit.

இந்த எகிப்திய இரசவாதம் தான் அரேபிய மற்றும் ஐரோப்பிய இரச-
வாததிற்கு அடிப்படை ஆகும்.

3

அரேபிய இரசவாதம்

மேற்கத்திய ரோம பேரரசின் வீழ்ச்சிக்கு பிறகு இரசவாதம் அரேபியாவில் பரவ தொடங்கியது. அங்கு அப்போது காலிபாட் (Caliphate) எனப்படும் காலிபாக்களின் ஆட்சி நடைபெற்று வந்தது. இதன் பிறகுதான் இரசவாதம் வளர்ச்சி அடைந்து உலகம் முழுவதும் பிரபலம் அடைத்தது. நாம் முந்தைய பகுதியில் பார்த்ததை போல அல்கெமி (இரசவாதம்) என்ற வார்த்தை கூட ஓர் அரேபிய சொல்தான். இரசவாத வரலாற்றில் மிக முக்கிய பக்கமாக உள்ளது, இஸ்லாயமிய அல்லது அரேபிய வரலாறு. குறிப்பாக மத்திய காலகட்டத்தில் (கிபி 5ம் நூற்றாண்டு முதல் கிபி 15ம் நூற்றாண்டு வரை) இந்த அரேபிய இரசவாதம் குறிப்பிடத்தக்க வரளர்ச்சியை அடைந்துள்ளது.

இங்கு தான் இரசவாதத்திற்கும் வேதியியலு -க்கும் இடையே உள்ள தொடர்பையும் விளக்கியுள்ளனர். தற்போது வளர்ச்சி அடைந்த வேதியியல் துரையின் மிக முக்கிய அங்கம் இவை தான்.

லாரன்ஸ் தத்துவத்தின் படி, நாம் இரசவாதம் மற்றும் முற்கால வேதியியல் ஆகியவற்றை நாம் பிரித்துப் பார்க்கமுடியும். "Alchemy Restored" என்ற தலைப்புடைய அந்த ஆராய்ச்சி கட்டுரையில் இதனை தெளிவாக கூறியுள்ளார். இவை உலோக மாற்றம் என்பதை மையப்படுத்தி எழுதியுள்ளார் அவர். இவை தான் நாம் இரசவாதம் என்று அழைப்பது, ஆனால் அவர் Chrysopoeia என்று குறிப்பிட்டுள்ளார். இதில் குறிப்பிட தகுந்த இன்னொரு விஷயம் 17ம் நூற்றாண்டின் பிற்பகுதியில் Chrysopoeia வார்த்தை தான் வேதியியலுக்கான பொருளாக விளங்கியது. இந்த ஆய்வில் இவர் மேற்கத்திய இரசவாதத்தை மையப்படுத்தி எழுதும் போது இஸ்லாமிய அறிவியலை பற்றியும் விளக்கியுள்ளார். அதன் முறைகளுக்கும் அறிஸ்டோடிலின் தத்துவங்களுக்கும் இடையே உள்ள தொடர்பை விளக்கியுள்ளார். பல இரசவாதிகளின் ஆய்வுகளும், விளக்கங்களும் கிடைத்துள்ளன. அதில் குறிப்பிடத்தக்க அரேபிய இரசவாதிகள் *Khālid ibn Yazīd* (காலித் இபின் யாஜித்), *Jābir ibn Ḥayyān* (ஜெபிர் இபின் ஹய்யான்), *Abū Bakr al-Rāzī (அபு பக்கர் அல் ராஜி), Ibn Umayl (இபின் உமையாள்), Al-Tughrai (அல் துகாரி), Al-Jildaki (அல் ஜில்தாகி)* ஆகியோர் உள்ளனர். இதில் நான் முக்கியமான ஒருவரை மற்றும் குறிப்பிட விரும்-புகிறேன்.

Jābir ibn Ḥayyān

இவர் இரசவாத வரலாறு மற்றுமின்றி மொத்த வேதியியல் வரலாற்றிலும் முக்கியமாக குறிப்பிடப்படும் ஓர் நபர். ஆங்கிலேயே எழுத்தாளர்கள் இவரை Geberஎன்று குறிப்பிடுகிறார்கள். மேலும் இவரை Father of Early Chemistry என்று பட்டம் கொடுத்து அழைக்கின்றனர்.

Jābir ibn Ḥayyān (ஜெபிர் இபின் ஹய்யான்)

இவர் லியோனார்டோ டா வின்சியை போல பல துறைகளில் புலமை மிக்கவர். இவரின் இரசவாதம் பற்றிய பல குறிப்புக்கள் நமக்கு கிடைத்-துள்ளது.

ஜபிரின் குறிப்புகளில் கவனிக்க வேண்டிய ஓர் முக்கிய ஆய்வு உலோகங்களின் தன்மையை பற்றியது. இந்த ஆய்வு அறிஸ்டோடிலின் தனிமங்களை பற்றிய குறிப்புகளின் பற்றிய விரிவான ஆய்வு ஆகும்.

	Hot	Cold
Dry	Fire	Earth
Moist	Air	Water

இதன் படி, அறிஸ்டோடில் குறிப்பிட்ட வெப்பம் (Hot), குளிர்ச்சி (Cold), வறண்ட (Dry), மற்றும் ஈரப்பதம் (Moist) போன்ற கரணி-களுக்கு மாற்றாக ஜெபிர் பயன்படுத்தியது Fire, Earth, Air, and Water அதாவது, நெருப்பு, நிலம், காற்று மற்றும் நீர் ஆகியவற்றை பயன்படுத்தியுள்ளார். இந்த நான்கு காரணிகள் தான் உலகின் அடிப்ப-டையாக கருதினார். இவை தான் அனைத்தையும் தீர்மானிக்கும் கார-ணியாகும். இதன் அடிப்படையில் பார்க்கையில் இரசவாதம் என்பது உலோகம் பற்றியது மட்டுமல்ல, இவை வாழ்வியல் தொடர்புடையது என்பதை நீரூபிக்கலாம்.

ஜெபிர் உலோகங்களுக்கு இரு வேறு தன்மை உள்ளதாக கருதினார். அது உட்புறம் மற்றும் வெளிப்புறம் ஆக வெவ்வேறு தன்மை உடையது. உதாரணமாக காரியத்தை (Pb) எடுத்துக் கொண்டால் வெளிப்புறம் குளிர்ச்சியாகவும் வறண்டும் உடையதாகவும் இருக்கும். ஆனால், உட்புறம் வெப்பமாகவும் ஈரப்பதமுடனும் இருக்கும். அதேபோல தங்கம் (Au) இதற்கு எதிர்மறையாக உள்ளது. பூமியில் இவ்விரு உலோகங்களும் உருவானது சல்பர் (S) மற்றும் பாதரசம் (Pb) ஆகியவற்றின் இணைப்பினால் தான் உருவானது. ஜபிரின் கூற்று படி இவ்விரு உலோகங்களும் சாதாரண உலோகங்கள் அல்ல, அணைத்து உலோகங்களும் ஏதோ ஓர் வகையில் இதனை சார்ந்து இருக்கும். பிற்காலத்தில் வந்த இரசவாதி அல் ராஜி இந்த உலோகங்களுடன் உலோக உப்பையும் சேர்த்துள்ளார்.

தற்கால வேதியியலில் பின் பற்றும் பல முறைகளை பற்றி அல் ராஜி குறிப்பிட்டுள்ளார்.

இரசவாத வரலாற்றில் கிரேக்கர்களும் பெரும் பங்கு ஆற்றியுள்ளனர். ஆனால் அவர்களின் எகிப்திய ஆய்வின் நீட்சி என்பதால் நான் குறிப்-பிடவில்லை.

4

இந்திய இரசவாதம்

இந்தியாவை பொறுத்த வரையில் இரசவாதம் என்பது தனி வரலாற்றை பெற்றுள்ளது. இதன் தொடக்கம் எப்போது என்பது தெளிவாக தெரியவில்லை. கிபி 2ம் நூற்றாண்டில் கிடைத்த பௌத்த குறிப்புகளில் எளிய உலோகங்களை தங்கமாக மாற்றுவதை பற்றி உள்ளது. வேதங்களில் வாழ்க்கைக்கும் தங்கத்திற்கும் இடையே உள்ள தொடர்பை பற்றியுள்ளது. இந்திய இரசவாதம் பெரும்பாலும் பாதரசத்தை மையப்படுத்தி அமைத்துள்ளது. இந்திய இரசவாதம் பற்றி வெளியுலகத்திற்கு தெரியவந்தது 11ம் நூற்றாண்டில் தான். அபு ரைஹான் பிருணி (Abu Rayhān Bīrūnī) என்ற ஈரானிய நாட்டு மருத்துவர் தற்போது உள்ள குஜராத்தில் அவர் சுற்றுப்பயணம் வந்தபோது. முஹம்மது கஜினி இடம் ஓர் அறிக்கையை சமர்ப்பித்தார் (அப்போது குஜராத் கஜினின் கட்டுப்பாட்டில் இருந்தது). அதில்,

> *"have a science similar to alchemy which is quite peculiar to them, which in Sanskrit is called Rasayāna and in Persian Rasavātam. It means the art of obtaining/manipulating Rasa: nectar, mercury, and juice. This art was restricted to certain operations, metals, drugs, compounds, and medicines, many of*

which have mercury as their core element. Its principles restored the health of those who were ill beyond hope and gave back youth to fading old age."''

நான் இங்கு ஓர் மிகவும் விசித்திரமான ஓர் கலையை இங்கு பார்த்தேன். அது இரசவாதத்திற்கு தொடர்புடையதாக உள்ளது. அதை சமஸ்கிரத்தில் இரசாயன என்று அழைக்கின்றனர். பெர்சிய மொழியில் இரசவாதம் ஆகும். இது ரஸா என்று அழைக்கப்படும் பாதரசத்தை கொண்டு பல் வினைகளை மேற்கொள்வது. அந்த கலைகளில் உலோகவியல், மருத்துவம், மூலக்கூறுகளை உருவாக்குதல் ஆகியவை அடங்கும். மேலும் இது மோசமான நிலையில் உள்ளவர்களுக்கு ஆரோக்கியத்தையும், வயது முதிர்ந்தவர்களுக்கு இளமையும் தரும் ஆற்றல் உள்ளதாக நம்பப்படுகிறது.

இதன் தொடக்கம் தெரியாவிட்டாலும் வெகுக்கலாமாக கையாண்டு வந்ததை உணர முடிகிறது.

இந்தியாவில் இரசவாதம் பரவலாக உள்ளதை நாம் பார்க்க முடியும். இன்று வரை இந்தியாவில் பயன்படுத்தப்படும் சித்தா, ஆயுர்வேதா போன்ற மருத்துவ முறைகளிலும் இரசவாதம் உள்ளதை காணலாம். உதாரணமாக ஆயுர்வேத மருந்துகளில் பலவற்றில் ஏதோ ஒரு உலோகத்தினை கொண்டு மருந்துகள் தயாரிக்கப்படும். உலகின் மற்றப்பகுதியை போல் அல்லாமல், இந்திய இரசவாதம் நன்றாக வேறுபடுகிறது. மற்ற பகுதிகளில் தங்கத்தை மையப்படுத்தி செய்யப்படும் இரசவாத வினை இந்தியாவில் மட்டும் பாதரசத்தை மையமாக கொண்டுள்ளது. ஐரோப்பாவில் சூனியக்கரர்களாக கருதப்படும் இரசவாதிகள் இந்தியாவில் மருத்துவர்களாக கருதப்பட்டனர். அதேபோல, இந்த கலை இந்தியாவில் பிறந்ததா அல்லது மேற்கத்திய நாடுகள் இடம் இருந்து பெறப்பற்றவையா என தெரியவில்லை.

இந்த ரசாயணவின் முக்கிய நோக்கம் திவ்ய தேகம் எனும் தெய்விக உடலை உருவாக்கி அதன் மூலம் ஜீவன் முக்தி எனும் சாகாத நிலையை அடைவது. இதன் மூலமே நாம் அறியலாம் இந்திய இரசவாதம் மருத்துவ விசயங்களில் அதிக கவனத்தை செலவிட்டது. பிற்கா-

லத்தில் வந்த இரசவாதிகள் தான் பாதரசத்தில் இருந்து தங்கமாக மாற்-
றும் செயல்களை செய்து வந்தது தெரிகிறது. இந்திய இரசவாதம் பற்றி
தெளிவாக கூற இதுவரை எந்த பண்டைய படைப்பும் கிடைக்கவில்லை.
ஆனால் பல வழிமுறைகள் காலங் காலமாக பின்பற்றி வருகின்றனர்.

Will Durtantஎன்ற அமெரிக்க எழுத்தாளர் தனது Our
Oriented Heritage எனும் நூலில் இவ்வாறு குறிப்பிடுகிறார்.

> ""Something has been said about the
> chemical excellence of cast iron in ancient
> India, and about the high industrial
> development of the Gupta times, when India
> was looked to, even by Imperial Rome ,
> as the most skilled of the nations in such
> chemical industries dyeingas , tanning, soap
> making, glassand cementBy the sixth century
> the Indians ... were far ahead of Europe
> in industrial chemistry; they were masters of
> calcinations, distillation sublimation, steaming
> fixation, , the production of light without
> heat , the mixing of anesthetic soporificand
> powders, and the preparation of metallic ,
> compounds and alloys salts . The tempering
> of steel was brought in ancient India to a
> perfection unknown in Europe till our own
> times; King Porus is said to have selected, as
> a specially valuable gift from Alexander , not
> gold or silver, but thirty pounds of steel. The
> Moslems took much of this indian chemical
> science and industry to the Near East Europe ;
> the secret of manufacturing "Damascus" blades
> , for example, was taken by the Arabs Persians
> from the , and by the Persians from India""

பழங்கால இந்தியாவின் வேதியியல் நிபுணத்துவமும், இரும்பை கையாண்ட பக்குவத்தை பற்றியும் நான் சில குறிப்புகளை கூற விரும்புகிறேன். குப்தர்கள் காலத்தில் ஏற்பட்ட தொழிநுட்ப வளர்ச்சியை ரோம பேரரசு உற்று நோக்கியத்தை மறக்க முடியாது. இத்தகைய ரசாயன துறைகள் இந்நாடு மிகவும் திறமை வாய்ந்தவை, தோல் பதனிடுதல், சோப்புகள் தயாரித்தல், கண்ணாடி மற்றும் சிமெண்ட் போன்றவைகள் உருவாக்குதல் போன்ற பல துறைகள் அடங்கும். 6ம் நூற்றாண்டில் ஐரோப்பியர்களை காட்டிலும் இந்த துறையில் சிறந்து விளங்கினர். மேலும் அவர்கள் படிகமாக்குதல், நீராவி பொருத்துதல், வெப்பம் இல்லாமல் ஒளி உற்பத்தி, மயக்க மருந்து, மற்றும் பொடியாக்கால். உலோக உப்புகளை உருவாக்கம் போன்றவற்றை உருவாக்கியுள்ளனர். அவர்களின் எஃகு உருவாக்கம் பற்றி இன்று வரை அறியமுடியவில்லை. மன்னர், பொருசின் கூற்றுப்படி, அது மாவீரன் அலெக்சாண்டரிடம் இருந்து பெறப்பட்ட பொக்கிஷம். அது தங்கமோ, வெள்ளியோ இல்லை, முப்பது பவுண்ட் எஃகு. அதே போல அக்கால இந்தியர்கள் கிழக்கு ஐரோப்பாவின் அறிவியையும் பெற்றுள்ளனர். உதாரணமாக டாமகாஸ் கத்தி செய்யும் இரகசியம். இந்த ஞானம் அரேபியர்கள் மூலம் ஈரானியர்களுக்கும், அவர்கள் மூலம் இந்தியர்களுக்கும் சென்றிருக்கும்.

இதன் மூலமே நாம் அக்கால இந்தியாவின் வேதியியல் முன்னேற்றத்தை அறிய முடியும். ஆசியாவின் பல பகுதிகளில் இரசவாதம் இருந்த போதும் அது இந்திய இரசவாதமுடன் மாறுபடுகிறது. இதன் மூலமே இதன் உருவாக்கம் தனித்துவமானதாக கருதலாம்.

5

சீன இரசவாதம்

சீன இரசவாதம் மற்ற பகுதிகளில் காணப்படும், இரசவாதம் போல இல்-
லாமல் ஓர் குறிப்பிட்ட பகுதியினை மட்டுமே ஆர்வம் காட்டியுள்ளது.
அது தி எலிஸ்ர் ஆப் லைஃப் (The Elixer of Life) எனப்படும்
இறவா நிலையை தரும் திரவத்தை உருவாக்குவது ஆகும். இரசவா-
திகள் " 'போலி தங்கம்' என்று அழைக்கப்படும் செயற்கை தங்கத்தை
உட்கொண்டால் இறவாநிலையை அடையலாம் " என நம்பினர். ஜே.சி.
கூப்பர் என்பவர் எழுதிய *Chinese Alchemy: The Taoist Quest
for Immortability* என்ற புத்தகத்தில் இதன் வழிமுறைகளை விளக்-
கியுள்ளார். அதன் படி செயற்கையாக உருவாக்கப்படும் போலி தங்கம்
உண்மையான தங்கத்தை காட்டிலும் அதிக சக்தி வாய்ந்தது, அதனுடன்
பல மூலக்கூறுகள் சேரும் போது ஒரு ஆன்மிக ரீதியான மாற்றத்தை
உருவாக்குகிறது. தங்கத்துடன் சின்னபார் (Cinnabar) எனும் கனிமம்
அதிகம் சேர்க்கப்பட்டுள்ளது. சின்னபார் என்பது அடர் சிவப்பு நிறத்தில்
இருக்கும் ஓர் கனிமம், இது பாதரசத்தை பிரித்து எடுக்கப் பயன்படுவதில்
முக்கியமானவை.

சின்னபார் (Cinnabar)

இறவா நிலைக்கு இதனை பயன்படுத்த காரணம், அதன் சிகப்பு நிறம் மற்றும் சுத்திகரிக்க கடினம் ஆகிய இயற்பியல் தன்மைகள் தான். சிகப்பு நிறம் என்பது பண்டைய சீனாவில் சூரியன், நெருப்பு மற்றும் ஆற்றலின் சிகரத்தை குறிக்கும் சொல். உருவாகுதலில் வறுத்தல் எனும் முறை அதிகமாக குறிப்பிட்டுள்ளது.இதனை பார்க்கும் போது சீனாவில் மரணமற்ற வாழ்வை நோக்கிய தேடல் புலப்படும். இதனை தவிர அவர்கள் மருத்துவத்திற்கோ, அடம்பர்த்திற்கோ பயன்படுத்திய ஆதாரம் பெரிதாக இல்லை.

தொடக்கம்:

இதன் தொடக்கம் எப்போது என்று வரலாற்றில் தெளிவாக குறிப்பிடவில்லை. ஆனால், பல ஆய்வாளர்கள் குறிப்பின் படி இதன் தொடக்கம் கன்பூசியஸ் காலத்திற்கு முந்தையது. அப்படியெனில் கிமு ஐந்தாம் நூற்றாண்டுக்கு முந்தையது. முதலாம் சின் மன்னன் காலத்தில் Huan Kuan என்ற நபர் தான் முதலில் இதனை பற்றி கூறியதாக குறிப்புகள் உள்ளது. அவரின் கூற்றுப்படி, இயற்கைக்கு மாறாக இறவா நிலையை சாதாரண மனிதர்களுக்கு அளிக்க முடியும். அதனை உருகிய தங்கத்-

தின் மூலம் சாத்தியமாகும் என்று கூறியுள்ளார். அவர் இதனை கூறு-
வதற்கு முன்பு இரசவாதம் தங்கமாக மாற்றுவதற்கு மட்டுமே பயன்பட்டு
வந்தது என்கிறார்கள். சின் மன்னன் ஆட்சி காலம் என்றால் கிமு முத-
லாம் நூற்றாண்டு.

Yin and Yang

இரசவாதம் மட்டுமல்லாமல் பல சீன தந்துவங்களுக்கும் பொருந்தும்
பொதுவான கொள்கைதான் யின் மற்றும் யாங். இதன் படி ஒவ்வொரு
பொருளோ அல்லது வினையோ அதற்கு இணையான ஒன்றுடன்
பிணைந்துள்ளது.

Ying Yang

இரசவாததில் பெரும்பாலும் குறிப்பிடுவது பாதரசமும் கந்தகமும் தான். இவை சந்திர மற்றும் சூரிய சக்தி கொண்டதாக கருதப்படுகிறது. அரேபிய இரசவாதம் போல சில இயற்கை காரணிகளை கொண்டு செயல்படுகிறது. அவை நீர், நிலம், நெருப்பு, உலோகம் மற்றும் மரம் ஆகியவை. ஆனால் மாற்றம் என்னவென்றால் இதில் இவை அனைத்-தும் ஒன்றுடன் மற்றொண்டு பிணைப்பினை கொண்டுள்ளது. இதை கேட்கும் போது நியூட்டனின் மூன்றாம் விதி நினைவுக்கு வரலாம் அந்த விதிகள் கூட இரசவாததை பயன்படுத்தி கண்டறிந்தார்.

மற்ற இரசவாததை விட சீன இரசவாததில் தான் அதிக பெண் இரசவாதிகள் பற்றிய குறிப்புகள் உள்ளது. இந்த முறைகளில் உள்ள விளைவுகளாக குறிப்பிடப்பட்டுள்ளது, எலிஸ்ர் பருகும் போது அனைவ-ருக்கும் அனைத்து நேரத்திலும் இறவா நிலையை கொடுக்காது மாறாக உயிரை பறித்து விடும்.

6

ஐரோப்பிய இரசவாதம்

ராபர்ட் ஆப் செஸ்டர் *(Robert of Chester)*என்ற லத்தீன் எழுத்தாளர், இவர் 12ம் நூற்றாண்டில் அரேபிய நூல்களை லத்தீனில் மொழிபெயர்த்து வந்தார், வரலாற்றில் இவரை அரபிஸ்ட என்று குறிப்பிடுகின்றனர். இவர் பிப்ரவரி 11, 1144 அன்று வெளியிட்ட புத்தகம் *The Composition of Alchemy,* இந்த புத்தகத்தின் முகப்பில் அவர் குறிப்பிட்ட விசயம் தான் வினோதமானது. அதில் அவர் கூறியது இந்த இரசவாதம் என்ற வார்த்தைக்கு இணையாக எந்த ஒரு வார்த்தையும் லத்தீனில் இல்லை, அதற்காக ஐரோப்பாவில் உள்ள பல மொழி அறிஞர்கள் இடம் கேட்டு உருவாக்கியதாக கூறியுள்ளார்.

அதற்காக Alcohol, Carboy, Elixir, மற்றும் Athanor போன்ற பல வார்த்தைகளை இணையாக பயன்படுத்தியுள்ளனர். இதிலிருந்து 12 நூற்றாண்டுக்கு முன்பு வரை இரசவாதம் என்ற வார்த்தை கூட இல்லை, எனவே அந்த வினைகள் நடைபெற்றுக்க வாய்ப்பில்லை. அவர்களுக்கு இதனை பற்றிய அறிவு மற்ற பகுதிகளில் இருந்து கிடைத்திருக்கலாம்.

நாம் இதன் வரலாற்றை பார்ப்பதற்கு முன்பு அக்கால ஐரோப்பாவின் நிலமையை நினைவு கூற வேண்டும். அக்காலத்தை வரலாற்று அறிஞர்கள் குறிப்பிடுவது மத்திய காலகட்டம் என்று. கிபி ஐந்தாம் நூற்றாண்டு முதல் 15ம் நூற்றாண்டு வரையுள்ள காலம் ஐரோப்பாவின் மத்திய காலம் (Medieval). உலக வரலாற்றிலும் மிக முக்கிய காலக்கட்டம், கத்தோ-

லிக்க கிறிஸ்துவம் ஐரோப்பாவின் அனைத்து அரசுகளையும் தனது கட்-டுப்பாட்டில் வைத்திருந்த காலம். அதே சமயம் அந்நாடுகள் உலகத்தின் பல பகுதிகளில் தங்களின் காலனி ஆதிக்கத்தை நிறுவ முயற்சித்து வந்-தனர். எனவே அந்த காலம் உலக வரலாற்றில் முக்கியத்துவம் வாய்த்-தது. இரு நாடுகளின் இடையே எப்போது பிரச்சனை வந்தாலும் போப்-பாண்டவர் தான் முடிவை சொல்வர், அவரின் உத்தரவை மற்ற நாடுகள் கேட்க வேண்டும். தேவாலயங்களின் தலையீடு அதிகாரத்தில் அதிகம் இருக்கும்.

அவர்களின் நம்பிக்கை படி, இரசவாதம் மாயாஜாலம் மற்றும் மாந்-திரிகத்தின் ஒரு பிரிவு. மந்திரங்கள் மற்றும் சூனியங்கள் கடவுளுக்கு எதிராக தூண்டும் சாத்தானின் ஆயுதம். எனவே மிக கடுமையாக மந்தி-ரங்களையும் மந்திரவாதிகளையும் வெறுத்தனர். இன்னொரு குறிப்பிடும் அம்சம் என்னவென்றால் 19ம் நூற்றாண்டு வரை ஐரோப்பாவில் விட்ச் ஹண்ட் (Witch Hunt) என்று ஒரு சட்டம் இருந்தது அதன் கீழ் ஒருவர் மந்திரவாதி, அல்லது சூனியக்காரர் என்று அறியப்பட்டால் எவ்-வித விசாரணையும் இன்றி கைது செய்யப்பட்டு போது மக்கள் முன்பு வீதியில் தீயிட்டு எரித்து கொள்ளப்படுவர்.

இதற்கு சிறந்த உதாரணம், ஷெர்லாக் ஹோம்ஸ் எனும் துப்பறியும் நாவல் ஆர்தர் காணன் டொயல் என்பவரால் 19ம் நூற்றாண்டில் எழு- தப்பட்டது. இதில் ஓர் இடத்தில் நாயகன் ஹோம்ஸ் தனது நண்பன் வாட்சனின் நடவடிக்கையை பட்டியலிடும் போது அவர் கூறுவார், நீ இதே போல் சில நூற்றாண்டுக்கு முன்பு கூறியிருந்தால் உன்னை தீயில் போட்டு எரித்திருப்பார்கள் என்று. இதனை உற்று நோக்கினால் நாம் அக்கால வழக்கத்தை நாம் உணர முடியும்.

இதன் காரணமாக நியூட்டன் உட்பட பல இரசாதிகள் தங்களின் ஆய்வுகளை பற்றி வெளிப்படையாக யாரும் கூறவில்லை. மத்திய காலத்தில் குறிப்பாக கூறப்படுவது இரண்டு நபர்களின் ஆய்வுகள் தான் ஒரு **சர். ஐசக் நியூட்டன்**, இன்னொருவர் **நிக்கோலஸ் பிளேமல்**.

நியூட்டனின் இரசவாதம் பற்றி அடுத்த பகுதியில் விரிவாக பார்க்க- லாம். **நிக்கோலஸ் பிளேமல்**என்பர் 14ம் நூற்றாண்டில் வாழ்ந்த பிரெஞ்ச் எழுத்தாளர், இவர் இன்றுவரை பல இரசவாத நிபுணர்களால் தத்து- வஞானிகளின் கல்லை கண்டறிந்த நபராக அறியப்படுகிறார். அவரை

மையப்படுத்தி பல புனை கதைகள் உள்ளன, மிகவும் குறிப்பாக கூறி-
னால் ஹாரி பாட்டர் தொடரின் முதல் பகுதியில் அவரின் பெயரையும்,
அவர் தத்துவஞானிகளின் கல்லை கண்டறிந்து, அதன் மூலம் இறவா
வரம் பெற்றதாக இருக்கும். நிஜ வாழ்வில் இவரின் வரலாறு சற்று சுவா-
ரசியம் நிறைத்தது, ஐரோப்பிய இரசவாததில் இவரின் வரலாறு மறுக்க
முடியாத ஒன்று.

17ம் நூற்றாண்டில் ஆரம்ப காலத்தில் தான் நிக்கோலஸ் பிளேமல்
ஐரோப்பாவில் பிரபலம் அடைய தொடங்கினார். 1612 ல் பாரிஸில்
Livre des figures hiéroglyphiques என்ற இரசவாத புத்தகம்
வெளியிடப்பட்டது. அது லண்டனில் 1624ம் ஆண்டு இது *Exposition
of the Hieroglyphical Figures* என்ற பெயரில் வெளியிடப்பட்டது.
இந்த புத்தக தொகுப்பில் நிக்கோலசின் பல இரசவாத ஆய்வுகளை
வெளிக்காட்டியது. அந்த புத்தத்தின் முன்னுரையில் பிளேமலின் தத்து-
வஞானிகளின் கல்லை குறித்த தேடல் தெளிவக விளக்கப்பட்டுள்ளது.
அதன் படி, அவர் வாங்கிய மர்மமான 21 பக்க புத்தகதினை புரிந்து-
கொள்ள அவர் மொழிபெயர்ப்பின் உதவியுடன் 1378ம் ஆண்டு ஸ்பெ-
யினுக்கு பயணம் செய்தார் என்றும் அங்கு அவர் ஓர் முனிவரை
சந்திதாகவும் கூறப்படுகிறது. அந்த முனிவர் அது *The Book of
Abramelin* உடைய நகல் என்று கூறி அவர் சில மர்மான சில
கலைகளை கற்று கொடுத்துள்ளார். அவரிடம் கற்ற அந்த அறிவினை
கொண்டு அடுத்த சில ஆண்டுகள் பிளேமலும் அவர் மனைவியும்
தத்துவஞானிகளின் கல்லை கண்டறிய முயற்சித்துள்ளனர். அவர்கள்
1382ம் ஆண்டு வெள்ளியையும் பின் தங்கத்தையும் உற்பத்தி செய்துள்-
ளார். அதனை கொண்டு இவர் இறவா நிலையை அடைந்ததாக கூறு-
கிறார்கள்.

Nicolas Flamel *Ecrivain, Libraire Juré en l'Université de Paris, mort en 1418.*

d'après la Figure qui étoit à Ste Geneviève des Ardens.

இவரை பற்றி கூறிக்கொள்ளும் படி வெளிவந்தன இவ்வளவு தான், ஆனால் மேற்குலக எழுத்தாளர்களும், இரசவாத ஆதரவாளர்களும் இவரை சாலச்சிறந்த நாயகனாக பார்க்கிறார்கள். இவர் தத்துவஞானிகளின் கல்லை உருவாக்கியவர் என்றும், முதலில் அவர் இதனை பயன்படுத்தி சுமார் 700 ஆண்டுகளுக்கு மேல் வாழ்ந்ததாகவும், கூறுகிறார்கள்.

ஐரோப்பாவின் மறுமலர்ச்சி காலம் தான் இரசவாத நினைவுகள் உலகில் இன்றுவரை நிலைத்திருக்க காரணம். அதற்கு முன்பு ஐரோப்-

பாவின் வரலாறு எந்த வகைகளில் பிரிந்துள்ளது என பார்க்க வேண்டும். இந்த காலங்கள் ஐரோப்பாவின் சமூக, பண்பாடு மற்றும் பொருளாதார முன்னேற்றங்கள் அடிப்படையாக அவற்றை பிரித்துள்ளனர். அதன் படி மத்திய காலம், மறுமலர்ச்சி காலம் மற்றும் நவீன காலம். மறுமலர்ச்சி காலகட்டம் என்பது மத்திய காலத்தின் முடிவாகவும், தற்போது வரை-யுள்ள நவீன காலத்தில் தொடக்கமாக இருந்த காலம். இதில் அறிவாற்-றல் ரீதியாக மக்களிடையே ஓர் பெரும் மாற்றம் ஏற்பட்டு, இலக்கியம் மற்றும் கலை துறையில் முன்னேற்றம் ஏற்பட்ட காலம். இதில் அறிவிய-லில் மாபெரும் வளர்ச்சி அடைந்து கொண்டு வந்த காலம், நாம் இன்று வரை பயன்பெறும் அறிவியல், தொழில்- நுட்பங்களின் ஆரம்பம் மற்றும் அடிப்படை. இக்காலத்தில் கண்டறியப்பட்ட அறிவியல் முன்னேற்றங்கள் பலவற்றை கூறலாம். இவை இத்தாலியில் 14ம் நூற்றாண்டிலும், வட ஐரோப்பாவில் 16ம் நூற்றாண்டிலும் தொடங்கியது.

கிபி 5ம் நூற்றாண்டில் மத்திய காலகட்டத் தின் தொடக்கத்தில் ரோம பேரரசு வீழ்ச்சி அடைந்தபோது அங்கு பண்டைய இலக்கியங்கள் புறக்-கணிகப்பட்டது. அதே சமயத்தில் கன்ஸ்டாண்டில் நோபிலை தலைநக-ராக கொண்டு கிழக்கு ரோம பேரரசு செயல்பட்டு வந்தது. 1453ல் ஓட்-டோமான் பேரரசு கிழக்கு ரோமை கைப்பற்றிய போது அங்கு வாழ்ந்த கிரேக்க அறிஞர்கள் ரோமிற்கு தப்பி ஓடினர், அவர்களுடன் கிரேக்க ரோம பாரம்பரிய சிறப்பையும் கொண்டு சென்றனர், அக்கால இத்தாலி-யில் பண்டைய அறிவினை பற்றி ஞானம் தெரிந்தமையால். அவர்கள் கேள்வி கேட்டு விடை சொல்லும் மனப்பாங்கு மக்கிளைடையே பெரு-கியது. இதனை கொண்டு அவர்கள் அறிவியல், சமயம், இலக்கியம் உள்ளிட்ட அனைத்து கலைகளிலும் ஈடுபட தொடங்கினர். இவை தான் மறுமலர்ச்சியின் வரலாறு.

இந்த வளர்ச்சி இரசவாத அறிவையும் வளர்ச்சி அடைய செய்தது. அக்காலத்தில் Hermetic மற்றும் Platonic அடித் தலங்களிருந்து இரசவாதம் மீட்டு எடுக்கப்பட்டது. அவற்றை கொண்டு மருத்துவம், மருந்தியல் உட்பட பல ஓர் விடியலை உண்டாக்க முயன்றனர்.

மார்சிலியோ ஃபிஷினோ என்ற கத்தோலிக்க பாதிரியார் பல்வேறு மொழி பெயர்ப்புகளை லத்தீன் மொழியில் மொழிபெயர்த்து கொண்டி-ருந்தார். 15ம் நூற்றாண்டில் வாழ்ந்த இவர் பிளாட்டோவின் குறிப்பு-களை லத்தீன் மொழிப்பெயர்ப்பு செய்ததால் பிரபலம் அடைந்தார். இவர்

Hermetica எனப்படும் கிரேக்க — எகிப்திய தொகுப்பை லத்தீன் மொழி பெயர்த்தார். இதனால் இவருக்கு இரசவாதம் பற்றிய அறிவு கிடைத்தது, நாம் முன்பு பார்த்ததை போல இரசவாததின் தொடக்கமே எகிப்து தான். இவர் தான் ஐரோப்பாவில் முதலில் இரசவாதம் பற்றி முழுமையாக விரிவாக கூறிய நபர். இதற்கு முன்பு Bacon இரசவாதம் பற்றி கூறினாலும் அவர் அதன் விளக்கத்தை கூறவில்லை. இதனால் ஹெர்மெட்டிக்க கருத்துக்கள் உருவானது, இது கிறிஸ்துவம், மாயாஜா-லம் மற்றும் ஜோதிடம் ஆகியவை இணைந்து உருவான கொள்கை. இது இரசவாததிற்கு இணையாக பார்க்கப்படுகிறது.

Theophrastus என்பர் தான் ஐரோப்பாவில் இரசவாததை பற்றி வேறு கண்ணோட்டத்தில் பார்த்தார். அவரை பற்றி எந்த குறிப்புகளும் இதுவரை கிடைக்கவில்லை, ஆனால் இவர் 16ம் நூற்றாண்டின் முற்ப-குதியில் வாழ்ந்ததாக கூறப்படுகிறது. அக்காலத்தில் இரசவாதம் என்பது தங்கம் மற்றும் வெள்ளியை உருவாக்கும் ஓர் செயல்முறை, மேலும் அது அபாயமானதாக கருதப்பட்டது. ஆனால் அவர் இரசவாததை நன்மை தரும் செயல்முறையாக கருதினார். அவர் இதன் மூலம் மருந்துகளின் வீரியம் மற்றும் தன்மையை உயர்த்த முடியும் எனவும் கருதினார்.

அவர் பின்பற்றிய குறிப்பு ஆத்ம சுத்திகரிப்பு, சில இரசாயனங்களை பயன்படுத்தி உடல் மற்றும் மன ரீதியான சிகிச்சை அளிக்கமுடியும் என கருதினார்.

இதற்கு பாரசேசிய முறை இரசவாதம் என்று பெயர். அதிலும் குறிப்-பாக மூலிகை மற்றும் தாவர மருந்துகளை குறிக்கும். இதை ஸ்பேஜரிக் என்கிறார்கள், இந்த வார்த்தையின் மூலம் லத்தீன் வர்த்தையான Solve et coagula ஆகும். இதன் பொருள் ஒன்றாக சேர்க்கவும் பிரிக்கவும் பயன்படுத்துதல். நவீன வேதியியலில் பயன்படுத்தும் செடிமெண்டஷன் மற்றும் ப்ரெஸ்ர்வசின் இதன் பயன்பாடுகளே. எனவே இது இரசவாத-திற்கு இணையாக பார்க்கப்படுகிறது.

இதுவரை இரசவாதம் அறிவியல் ரீதியாக மட்டுமே அணுக்கப்பட்டு வந்ததை பார்த்தோம். சில இடங்களில் மாயாஜால ரீதியாகவும் பயன்ப-டுத்தப்பட்டதையும் பார்த்தோம். ஆனால் John Dee என்பவர் மட்டும் இரசவாததை ஆன்மிக ரீதியாக அணுகினார். இரசவாதம் என்பது ஐரோப்பாவில் ஆதிகாரப்பூர்வமாக தடைசெய்யப்பட்ட காலத்திலே இவர் இங்கிலாந்து ராணி இரண்டாம் எலிசபெத் உடைய சிறப்பு ஆலோசகராக

இருந்து இரசவாதம் பற்றிய ஆய்வுகளை இரகசியமாக மேற்கொண்டு வந்தார். இவர் அரசு ஆலோசகர் மட்டுமல்ல ஓர் ஜோதிடர் , தேவதூதர் அழைப்பு போன்ற பணிகளை செய்து வந்தார்.

இவரின் நம்பிக்கை படி, தத்துவஞானிகளின் கல் தெய்விக தன்மை கொண்டது. அது மூலம் நாம் தேவதூதர்களை அழைக்கவும், தொடர்பு கொள்ளவும் முடியும். இரசவாத வரலாற்றில் அதை மத நம்பிக்கையாக பார்த்தவர் டீ மட்டுமே.

ஐரோப்பாவில் இரசவாதம் மிக கடுமையான அளவு எதிர்க்கப்பட்-டாலும், அது தொழில் முனைவோருக்கு ஓர் சிறந்த துறையாக அதே மறுமலர்ச்சி காலத்தில் விளங்கியது. அவர்கள் மருத்துவம், மருந்தியல், உலோகவியல், போன்ற துறைகளில் இரசவாதம் தெரிந்தவர்கள் பணி அமர்த்தப்பட்டனர்.

16ம் நூற்றாண்டில் பிற்பகுதியில் ரோமாபுரியின் மன்னரான இரண்டாம் ருடல்ஃப் (Rudolf I I) ப்ராகில் உள்ள நீதிமன்ற வளாகத்தில் பல இரசவாதிகளுக்கு பாராட்டை தெரிவித்தார். அதில் டீ மற்றும் அவரது இணை உறுப்பினர் எட்வர்ட் கெல்லி ஆகியோர் அடங்குவர்.

ஆனால், இந்த ஐரோப்பிய இரசவாதம் முடிவுக்கு வர நவீன அறிவியல் வளர்ச்சி தான் காரணம் என்று அறிஞர்கள் கூறுகின்றனர். இதை சற்று உன்னிப்பாக யோசித்து பார்த்தால் உண்மை என்று தான் தோன்றும்.

7
நியூட்டனின் இரசவாதம்

━━━━━◦❦◦━━━━━

சர். ஐசக் நியூட்டன் (Sir Isaac Newton) தனது ஈர்ப்பியல் தத்துவம் மற்றும் மூன்று விதிகள் மூலம் அறிவியல் உலகில் என்றும் மறுக்கமுடி-யாத நபராக உள்ளார். இன்றைய நவீன உலகில் கூட அவரின் கூற்றுக-ளுக்கு மாற்று வழிகளை கூற முடியவில்லை. ஆனால் அவரின் மறுபக்-கம் இதற்கு நேர் மாற்றமாக இருக்கிறது. அவரால் எழுதப்பட்ட அவரின் ஆராய்ச்சி குறிப்புகளை நாம் பார்க்கும் போது நமக்கு அது புலப்ப-டும். அதில் காணப்படும் விஷயங்களை பார்க்கும் போது நமக்கு நியூட்-டன் மூட நம்பிக்கைவாதி, மாயாஜாலம் போன்ற இயற்கைக்கு மாற்றான முறைகளில் அதிக ஆர்வம் கொண்டவராக இருந்துள்ளார் என்பதும் புலப்படும்.

ஜான் வானாக் என்ற பொருளாதார நிபுணர் நியூட்டனுடைய ஆவணங்களை ஏலத்தில் எடுத்து அடுத்த 6 வருடங்கள் ஆய்வினை மேற்கொண்டார். அதன் மூலம் அவர் பல நம்பமுடியாத உண்மைகளை வெளிக்கொணர்ந்தார்.

இந்த பிரபஞ்சத்தின் இரகசியம் தேவாலயங்களில் உள்ளது, இந்த உலகம் இயற்கைக்கு மீறிய சக்தியினால் ஒரு நாள் கண்டிப்பாக அழியும் என்று உறுதியாக நம்பினார். நியூட்டனின் வாழ்க்கை வரலாற்றை பார்க்-கும் போது அதில் உள்ள இரசவாத ஆய்வுகள் நமக்கு புலப்படும்.

ஐசக் நியூட்டன்

1667 ல் லண்டனிலுள்ள புகழ்பெற்ற ட்ரினிட்டி (Trinity) கல்லூரியில் தனது 25 வது வயதில் கல்லூரி படிப்பை தொடங்கினார் நியூட்டன். முதலில் அக்கால லண்டனை நாம் கருத்தில் கொள்ள வேண்டும். சமூக மற்றும் பொருளாதார நிலையில் லண்டன் மற்றுமின்றி மொத்த நாடும் பாதிக்கப்பட்டு இருந்தது. உள்நாட்டு யுத்தம், அரசியல் குற்றங்கள், லண்டன் தீ விபத்து, பிளேக் நோய் போன்ற பல காரணங்களால் லண்டன் நகரம் குழப்பம் அடைந்து இருந்தது. பிளேக் நோயின் தாக்கம் மேலும் அதிகமாக அவர் லண்டனை விட்டு தன் சொந்த கிராமத்திற்கு இரு ஆண்டுகள் சென்றார். எனினும் அவருக்கு அங்கு அவருக்கு மதரீதியான பாதிப்பிலிருந்து விடுபட முடியவில்லை என்று அவரே குறிப்பிட்டுள்ளார். அவர் லண்டன் நகரின் இந்நிலைக்கு காரணம் "கடவுளின் கோபம்" குறிப்பிடுகிறார். இதன் மூலம் அவர் ஓர் தீவிர இறைநம்பிக்கை வாதி என்பதை உணரலாம். இதன் காரணமா-

கவே அவர் வெளியுலக தொடர்பை குறைத்து கொண்டார். அவர் தன் வாழ்நாள் முழுவதும் தீவிர இறை நம்பிக்கை வாதியாக வேண்டும் என்று தான் விரும்பினார்.

அதற்கு இவருக்கு மேலும் வலுசேர்த்த நிகழ்வு, அவரின் கல்லூரியின் பத்தாவது ஆண்டு விழா தான். அப்பொழுது கல்லூரி மாணவர்கள் மது அருந்தி விட்டு பக்கத்து கிராம பெண்களிடம் முறையற்று நடந்துக் கொண்டனர். இதனை கண்ட அவர் கல்லூரியை வெறுக்கும் மாணவர் ஆனார். அனைவரிடம் இருந்தும் தன்னை தனிமை படுத்தினார். இதனை தனது வாழ் நாள் இறுதி வரை பின் பற்றினார். அவரது கல்லூரி காலத்தில் ஜான் விக்கிங்ஸ் (John Wicking's) என்ற சக மாணவர் ஒருவருடன் மட்டுமே நட்பாக பழகினார். அதற்கு காரணமாக நியூட்டன் குறிப்பிடுவது, தாங்கள் இருவரும் ஒரே நோக்கத்துடன் இருபது தான் காரணம் என்று தான். அவர்கள் இருவரும் மற்ற மாணவர்களை வெறுத்தனர் ஜான் மாணவர்கள் படிப்பை மறந்து பொழுதுபோக்கில் அதிக நாட்டம் கொண்டுள்ளதை அதிகம் வெறுத்தார். இந்த நட்பு 1667ல் தொடங்கி அடுத்த 20 ஆண்டுகளுக்கு நீடித்தது.

நியூட்டன் 1660 களில் தினமும் 18 மணி நேரம் புத்தக வசிப்பவராக இருந்தார். அச்சமயத்தில் தன் வாழ்வை மாற்றபோகும் முடிவினை எடுத்தார். அவர் தத்துவமேதை பிளாட்டோவும், அறிஸ்டோடிலும் எனது நண்பன். ஆனால் அவர்களை விட உண்மை தான் எனது உற்ற தோழன் என்று குறிப்பிட்டு இருந்தார். இதற்கு பொருள் அவர் அவர்களின் கொள்கைகளை மறுத்தார் என்பது தான். அவர் பிளாட்டோ, அறிஸ்டோடில் தவிர அனைத்து மரபு சார்ந்த தத்துவங்களையும் மறுத்தார். அவரின் நோக்கம் பிரபஞ்சத்தின் உண்மையை கண்டறிவது தான் என்று குறிப்பிட்டுள்ளார். அவர் டெக்கார்டின் தத்துவங்கள் மீது அதிக ஆர்வம் உள்ளவராக இருந்தார். டெக்கார்ட் 17ம் நூற்றாண்டில் வாழ்ந்த பிரெஞ்சு தத்துவ நிபுணர். அவரின் கொள்கை படி, இந்த பிரபஞ்சம் என்பது கடவுளினால் உருவாக்கப்பட்ட மாபெரும் கடிகாரம் போல இயங்குகிறது. அதன் தொடக்கம் கடவுளால் மேற்கொள்ளப்பட்டது. டெக்கார்ட் 1665 முதல் 1676 வரை இயக்கவியல் தொடர்பாக பல தத்துவங்களை வெளியிட்டுள்ளார். அதில் பெரும்பாலும் கடவுளின் தன்மைகளை குறிப்பவையாக உள்ளது.

நியூட்டன் டெக்கார்ட் தத்துவத்திலும் பல முரண்பாடுகள் உள்ளதாக நினைத்தார். அவர் “இந்த உலகை படைத்ததுடன் மட்டுமே கடவுளின் வேலை முடிந்ததா. இந்த உலகில் உயிருள்ள மற்றும் உயிரற்ற பொருள்களை இயக்குவது கடவுள் மட்டுமா? எங்கும் நிறைத்துள்ள சக்தியினால் மட்டுமே இது சாத்தியம்.” என்று தனக்குள் கொள்கைகளை உருவாக்கினார்.

சந்திரன் மற்றும் அதன் சுற்றுவட்ட பாதையின் மீது அதிக ஆச்சரியம் கொண்டார். அதன் பின் தான் அவரின் வாழ்க்கையை மாற்றிய இன்று வரை நாம் அவரை நினைவில் வைத்திருக்க காரணமாக உள்ள ஈர்ப்பியல் தத்துவத்தை கண்டறிந்தார். அடுத்த 18 மாதத்தில் ஐரோப்பாவின் மாபெரும் கணித மேதையாக உருவெடுத்தார்.

அதோடு எவரும் மேற்கொள்ளதா ஆய்வுகளை மேற்கொண்டு வந்தார். அதுவரை அறிஸ்டோடிலின் ஒளி கோட்பாடு தான் பின்பற்றப்பட்டு வந்தது. அது ஒளி என்பது வெள்ளை நிறம் மட்டுமே கொண்டது. நியூட்டன் தனது Prism என்ற முப்படகத்தின் உதவியுடன் ஒளி என்பது வானவில் போன்று பல வண்ணங்கள் உடையது என்று நிரூபித்தார். இதனால் மேலும் புகழினை எட்டினார். இதன் காரணமாக இவரின் கடவுள் நம்பிக்கை கொள்கை அக்கால வரலாற்று ஆய்வாளர்கள் வெளிக்காட்டவில்லை.

அவரை பொறுத்தவரை ஜெருசலேம் தான் உலகின் இரகசியத்தை அடக்கி வைத்துள்ள பகுதி. அவர்கள் கடவுளின் தன்மையை மக்களுக்கு பரப்பாமல் காலம் தாழ்த்தி வருகின்றனர். எனவே தான் கடவுள் இருப்பதை நிரூபித்தாக வேண்டும், என கட்டாயம் உள்ளதாக நினைத்தார். அதற்கு அவர் தேர்ந்தெடுத்து தான் இரசவாதமும், சில மந்திர தத்துவங்களும். அதற்காக அடுத்த 25 ஆண்டுகள் தன் வாழ்வை செலவிட்டார்.

இரசவாதம் சட்டப்பூர்வமாக தடை செய்யப்பட்ட காலத்தில் இந்த முடிவை எடுத்தார். ஈர்ப்பியல் தத்துவம் மூலம் ஐரோப்பாவில் மிக பிரபலம் அடைத்திருந்தார். அச்சமயத்தில் தான் அதை அறிவித்தால் தன் புகழுக்கு கேடு விளைவிப்பதோடு தானும் தூக்கில் இடப்படுவேன் என பயந்து அதை அறிவிக்கவில்லை. அவரின் உதவியாளருக்கும் கூட அவர் இரசவாதம் பற்றி தான் ஆராய்ச்சிகளை மேற்கொள்கிறார் என்-

பது தெரியாத அளவு மிகவும் ரகசியமாக வைத்திருந்தார். அவர் என் இவ்வளவு இரகசியமாக மேற்கொண்டார் என்பதை அறிய இன்று வரை பல வரலாற்று ஆய்வாளர்கள் முயற்சித்து வருகின்றனர்.

நியூட்டன் மற்ற பல இரசவாதிகளிடம் இருந்து மிகவும் தனித்துவ-மான முறையில் மேற்கொண்டார். பண்டைய கிரேக்க தத்துவங்கள் மற்-றும் விவிலியத்தில் உள்ளதாக கருதினார். அதன் கதாபாத்திரங்களை மையப்படுத்தி ஆய்வினை மேற்கொண்டார். அவரின் குறிப்பு ஒன்றில் உரோமா கவிதை ஒன்றை பின்பற்றி ஒரு நீல நிற கல்லை உருவாகி-யுள்ளதாக கூறியுள்ளார். நியூட்டன் தனது ஆய்வுகளை விடுகதையாக வைத்திருந்தார். அவை உடல் சார்ந்த விடுகதையாக இருக்கும். உதா-ரணமாக ஒன்றில் பச்சை நிற சிங்கம் மாதவிடாய் இரத்தம் என குறிப்-பிட்டிருந்தார்.

நியூட்டன் இரசவாதம் பற்றிய ஆய்வுகளை மேற்கொண்டது பணத்-திற்காக இல்லை என பல வரலாற்று ஆய்வாளர்கள் குறிப்பிட்டுள்ளனர். அவர் மேற்கொண்டது கடவுளின் திட்டத்தை மக்களுக்கு வெளிக்காட்ட தான் செய்ததாக கூறப்படுகிறது. இறைவனின் தன்மை எந்த அளவுக்கு உள்ளது என்பதை நிரூபிக்க கூட இருக்கலாம் என கூறுகின்றனர்.

விவிலியத்தில் கூறப்படும் நோவா வின் கதையில் கடவுள் நோவா-விடம் பேசும் வசனங்களில் இரசவாதம் பற்றி பல விளக்கங்கள் உள்-ளதாக தனது விவிலிய வாசிப்பு மூலம் எடுத்த குறிப்புகளில் விளக்-கியுள்ளார். கடவுள் இதற்காக தான் தன்னை படைத்துள்ளதார் என்ற அளவு உணர தொடங்கினார். நியூட்டன் பற்றிய வரலாற்று ஆர்வலர்கள் அவரிடம் 30 மேற்பட்ட மொழிகளில் விவிலியம் இருந்தாக கூறுகின்-றனர். அதில் அரபி மற்றும் ஹீப்ரு மொழிகளும் அடங்கும். இரசவாதம் மூலம் இறைவனின் திட்டத்தை இந்த உலகிற்கு எடுத்து கூறுவது தான் தனது முழு நோக்கம் எனவும் குறிப்பிட்டுள்ளார். பின் பல ஆய்வுகளை நிகழ்த்தி அறிவியல் உலகில் மாபெரும் சக்தியாக உருவெடுத்தார்.

அவரின் செயல்பாடுகள் காரணமாக மெல்ல மெல்ல கத்தோலிக்க எதிர்ப்பு என்ற மன நிலையினை அடைந்தார். கடவுளின் திட்டத்தை இந்த உலகிற்கு வெளிப்படுத்த வேண்டிய கத்தோலிக்க சபை அதனை செயல்படுத்தாமல் காலம் தாழ்த்துவதாக கோபம் கொண்டார்.

அவரிடம் உள்ள விவிலியத்தின் உதவியுடன் பல ஆய்வுகளை மேற்கொண்டார். அதன் முடிவுகளை பல தொகுப்புகளாக எடுத்தார்.

அவரின் குறிப்பின் படி கடவுள் உலகின் கடந்த காலம், நிகழ்கால மற்றும் எதிர்கால நிகழ்வுகளை கூறியுள்ளார் எனவும் இதை பிரபஞ்சத்தின் இரகசியம் என அழைக்கிறார். அவர் பல குறிப்புகளில் கூறியுள்ள கடவுளின் திட்டமும் விவிலியத்தில் உள்ளதாகவும் குறிப்பிட்டுள்ளார். அவரின் கூற்றுப்படி, இந்த பூமி சுவாசிக்கும் தன்மை கொண்டது. இந்த தன்மை நட்சத்திரங்களிலிருந்து வந்த சால் நைட்ரியம் எனும் ஒரு குறிப்பிட்ட வேதிப்பொருளில் இருந்து பெற்றவையாகவும், அது பூமியை ஒவ்வொரு நாளும் சுவாசிக்கும் ஒரு மாபெரும் மிருகம் போன்று செயல்படுத்த உதவுகிறது. இதனை அறிவியல் பூர்வமாக நிரூபிக்க தனது ஈர்ப்பியல் கோட்பாடு உட்பட பல வினைகளை முயற்சி செய்தார். ஆனால் அவரால் நிரூபிக்க முடியவில்லை.

நியூட்டனை இரசவாதி என நிரூபிக்க அனைவருக்கும் அவருடைய ஒரு ஆய்வு அமைத்து. அது உலோகங்களின் வளர்ச்சியை பற்றிய அவரின் ஆர்வம் அதற்கு அடித்தளம் இட்டது. பலர் இதற்கான முயற்சியை மேற்கொண்ட போதும் நியூட்டன் அதனை கிட்டத்தட்ட முடித்துவிட்டார். சோடியம் சிலிக்கேட் என்ற திரவத்தில் எந்த ஒரு உலோகத்தையும் இடும் போது அது ஒரு தாவரம் வளர்வதை போல தோற்றம் ஏற்படும். இதற்கான காரணமாக அறிஞர்கள் கூறுவது உலோகங்கள் திரவத்துடன் ஏற்படும் முரண்பாடு தான். தற்போது அறிவியல் வளர்ச்சியின் அடிப்படையில் விஞ்ஞானிகள் கூறினாலும் 17ம் நூற்றாண்டில் தனது ஆய்வகத்தில் உலோகம் வளர்வதை பார்த்த நியூட்டனின் மன நிலை எப்படி இருக்கும் என்று யூகிக்க முடியும். பின்னர் நியூட்டன் அந்த உண்மையான உலோகம் இல்லை என உணர்ந்தார். இது போல பல இரசவாத ஆய்வுகளை செய்து தோல்வி அடைந்தார்.

டெக்கார்டின் தத்துவத்திலும் பல குறைகள் உள்ளதாக கூறினார். அதற்கு காரணம் கடவுளின் வேலை படைத்ததுடன் முடிந்ததாக டெக்கார்ட் நம்பினார். நியூட்டன் இதற்கு நேர் மாறாக கொள்கையுடன் விளங்கியதால் அவர் ஏளனம் செய்யவும் தொடங்கினர். அச்சமயத்தில் இயந்திரவியல் மற்றும் அணு கோட்பாடு ஆகியவற்றை உருவாக்கி அறிஞர்கள் மத்தியில் புகழை அடைத்தார். அதன் காரணமாக மன்னர் இரண்டாம் சார்லஸ் அவர் சந்திக்க அழைப்பினை விடுத்தார். மன்னரின் அழைப்பினை ஏற்று அவரும் சந்திக்க சென்றார். அப்போது மன்னரின் கோரிக்கையை கோரிக்கையை ஏற்று இங்கிலாந்து ராயல் சொசைட்டி-

யில் (Royal Society of England) இணைத்தார். ராயல் சொசைட்டி என்பது பிரிட்டன் அரசாங்கத்தால் அங்கீகரிக்க விஞ்ஞானிகளின் கூட்டமைப்பு. அதில் மிகவும் இளம் வயதில் இணைந்த நபர் நியூட்டன் ஆவர். அவர் தனது 33வது வயதில் இணைத்தார். தான் பங்கேற்ற முதல் கூட்டத்தில் ஒளி கதிர் குறித்து ஒரு ஆய்வு கட்டுரை விரைவில் அனுப்புவதாக கூறினார்.

நியூட்டன் இயற்கையின் விதிகளை பற்றிய ஆய்வுகளையும் மேற்கொண்டார், அதன் படி, "பூமி சரியான சுழற்சி விகிதத்தை கொடுத்துள்ளது. அவை சிறியவை முதல் பெரியது வரை ஒரு சுழற்சி முறையினை கொண்டது". இதனை கண்டு மெய் சிலிர்த்தார். இந்த ஆய்வு கடவுள் மற்றும் அறிவியலை நோக்கி உள்ளதாக கருதினார்.

கடவுளின் 2ம் வருகை பற்றி தீவிரமாக நம்பினார். பண்டைய தேவாலயங்களில் இரசவாதம் பற்றிய குறிப்புகள் உள்ளதாக நியூட்டன் நம்பினார். அங்குள்ள ஓவியம் மற்றும் சிற்பங்களில் கூட அதனை பற்றிய தகவல் இருக்கலாம் என கருதினார். இதனை பற்றியும் அவர் சில குறிப்புகளில் கூறி இருந்தார்.

1684ம் ஆண்டு எட்வர்ட் ஹாலே என்ற இளம் விஞ்ஞானிக்கு புவியீர்ப்பு குறித்த நியூட்டனின் ஆய்வு ஆர்வத்தை தூண்டியது. அவர் நியூட்டனிடம் பல கேள்விகளை கேட்டார். நேரடியாகவும் கடிதங்கள் மூலமாகவும் அவருக்கு பல கேள்விகளையும் எழுப்பினார். நியூட்டனும் அதற்கு விரைவில் பதில் தருவதாக கூறினார். பின் அவர் குறியது போலவே அவருக்கு விடையை அனுப்புனார். அது இயக்கவியல் தொடர்புடைய ஆய்வு. அது தான் பின்னாளில் உலக புகழ்பெற்ற Principia Mathematica, இதில் தான் நியூட்டன் இயக்கவியலின் மூன்று விதிகளை குறிப்பிட்டு இருந்தார். அது நியூட்டனின் விதிகள் என்று உலகம் முழுவதும் பொதுவாக அறியப்படுகிறது. இன்று வரை எந்த ஒரு நபரும் வெளியிட தத்துவங்களை வெளியிட்டார் நியூட்டன். ஆனால் அந்த தத்துவத்தை ஆராய்ந்த சில நிபுணர்கள் இரசவாதம் தொடர்புடைய பல குறியீடுகள் உள்ளதாக கருதுகின்றனர். இதற்கு ஆதாரமாக அவர்கள் கூறுவது சீன இரசவாதம் மற்றும் அரேபிய இரசவாதம் ஆகிய இரண்டும் நியூட்டனின் விதிகளுடன் நேரடி தொடர்புடையதாக உள்ளது. அரேபிய இரசவாததில் ஜெபிரின் குறிப்புகளில்

நியூட்டனின் 2ம் விதி மறைமுக தொடர்பு உடையது. சீன இரசவாததில் உள்ள யின் யாங் நியூட்டனின் 3ம் விதிக்கு நேரடி தொடர்பு உள்ளவை என கூறுகின்றனர்.

இந்த உலகத்தின் அழிவு நாள் விவிலியத்தில் குறிப்பிட்டுள்ளதாக நியூட்டன் நம்பினார். விவிலியத்தில் வரும் கதைகளில் அடிப்படையில் கூற முடியும் என்றார். அவரின் கணக்கு படி இந்த உலகம் 500 ஆண்டுகள் கழித்து அழியும். அதன் பிறகு கிறிஸ்து மீண்டும் பூமிக்கு வருவார் எனவும் நம்பினார்.

1683ம் ஆண்டு அவர் இரசவாதம் தொடர்புடைய இன்னொரு ஆய்வினை கண்டறிந்தார். தங்கத்துடன் சிறப்பு தன்மை வாய்ந்த பாதரசத்தை சேர்க்கும் போது அது போலி தன்மை வாய்ந்த தங்கமாக மாறும் என்பது தான். ஆனால் அதன் தன்மையும் காலப்போக்கில் மாறும் என்பதையும் அறிந்தார். தன் வாழ்நாள் இறுதி வரை யாருக்கும் இதனை பற்றி கூறவில்லை. அப்போது தனது உதவியாளர்களுக்கு கூறியது. தனது கத்தோலிக்க எதிர்ப்பு பற்றி எவருக்கும் தெரிவிக்க வேண்டாம் எனவும், தனது இறுதி சடங்குகளுக்கு கூட கத்தோலிக்க முறையினை தவிர்க்க கூறினார்.

ஐசக் நியூட்டன் உலக புகழ் பெற்ற அறிவியல் அறிஞர் தனது வாழ்நாளில் பாதி காலம் எதற்காக இரசவாதம் பற்றி செலவிட்டார். அவர் அதில் வெற்றி அடைந்தரா. மதம் சார்ந்த இரசவாதம் பற்றி இவருக்கு கற்றுக்கொள்ள ஆர்வம் உண்டானது என்? போன்ற பல கேள்விகள் மட்டும் இன்றுவரை நமக்கு நிறைந்துள்ளது.

8

கதைகளில் இரசவாதம்

இரசவாததின் வரலாற்றை இது வரை நாம் பார்த்தோம். ஆனால் இதன் வளர்ச்சி மற்றும் பிரபலத்திற்கு அதன் வரலாறு காரணம் இல்லை. அதற்கு மூல காரணம் கதைகள் மற்றும் கலைகளில் கூறப்பட்ட விளக்கமும், அக்காலத்தில் மக்களிடையே நிலவிய மூட நம்பிக்கையும் தான். பழங்கால எகிப்திய எழுத்தான Zosimos of Panopolisதொடங்கி, சமீபத்திய Harry Potterவரை அனைத்து காலத்திலும் பரவலாக காணப்படுகிறது. இதன் இலக்கிய வரலாற்றை காண நாம் குறைத்தது 18 நூற்றாண்டுகள் முன்பு செல்ல வேண்டும்.

அது எக்காலத்தில் எவ்வாறு உவமை படுத்தபட்டுள்ளது என்பதை காண்போம்.

தொடக்கம்

இதன் இலக்கிய வரலாறும் தொடங்குவது எகிப்தில் இருந்து தான், நாம் முன்பு பார்த்ததை போல ஹிலானிய கால எகிப்தில் எழுதப்பட்ட நூலான என்பது இரசவாதம் என்றால் என்ன அது என்ன விதங்களில் பயன்படுகிறது என்பனவற்றை விளக்கும் வகையில் அமைத்துள்ளது. எகிப்திய நூலான Zosimos of Panopolisஎழுதப்பட்ட காலத்தில் இருந்து கிட்டத்தட்ட 1300 ஆண்டுகள் கழித்து தான் இரசவாதம் பற்றிய

எழுத்து பூர்வமான ஆதாரங்கள் நமக்கு கிடைத்துள்ளது. Chymical Wedding of Christian Rosenkreutz என்பது 1616ம் ஆண்டு Johann Valentin Andreae என்பவரால் எழுதப்பட்ட ஆங்கில மற்-றும் ஜெர்மானிய மொழி நூலாகும். இது தான் இரசவாததை கதை-களில் கூறப்பட்டுள்ள முதல் நூலாகும். இந்த கதை ஏழு நாட்களில் நடப்பதாக இருக்கும். ஒவ்வொரு நாளும் ஒவ்வொரு தொகுதியாக ஏழு தொகுதியை உள்ளடக்கியது. இதில் ஒரு மன்னர் மற்றும் ராணி, அதா-வது மணமகன் மற்றும் மணமகள் திருமணத்திற்கு உதவ அற்புதம் நிறைந்த மாளிகைக்கு Christian Rosenkreutz அழைக்கப்படுகிறார். Chemical என்பது அக்காலத்தில் என்று Chemycal அழைக்கப்பட்-டது.

இதன் பிறகு இரசவாதம் குறித்து குறிப்பிட தகுந்த பல படைப்புகள் வந்தன. அவற்றை மத்திய கால படைப்பு, மறுமலர்ச்சி கால படைப்பு மற்றும் நவீன கால படைப்பு போன்று வகை படுத்தலாம்.

ஆசிரியர்	புத்தகம்	காலம்
மத்திய மற்றும் மறுமலர்ச்சி காலம்		
Dante Alighieri	Inferno	1308 - 1321
William Langlan	Piers Plowman	1360-1387
Geofrey Chauce	Canon's Yeoman's Tale	1380
Ben Jonson	The Alchemist	1610
William Godwin	St. Leon	1799
இடை காலம்		
Mary Shelley	Frankenstein	1818
Vladimir Odoevsky	Salamandra	1828
Victor Hugo	The Hunchback of Notre-Dame	1831
Friedrich Halm	Der Adept	1836
நவீன காலம்		
HP Lovecraft	The Alchemist & The Case of Charles Dexter Ward	1916 & 1927
Thea von Harbou	Metropolis	1925
Eric P. Kelly	The Trumpeter of Krakow	1928
Antal Szerb	The Pendragon Legend	1934
Marguerite Yourcenar	The Abyss	1968
Colin Wilson	The Philosopher's Stone	1969
Umberto Eco	Foucault's Pendulum	1988
Lindsay Clarke	The Chymical Wedding	1989
Terry Pratchett	Discworld novels	1983-2015
John Crowley	Men at Arms	1993
Max McCom	Indiana Jones and The Philosopher's Stone	1995
Richard Garfinkle	Celestial Matters	1996
J.K. Rowling	Harry Potter and the Philosopher's Stone	1997
Gregory Keyes	The Age of Unreason series	1998-2001
Neal Stephenson	The Baroque Cycle	2003-2004
Martin Booth	Doctor Illuminatus: The Alchemist's Son	2003
Margaret Mahy	Alchemy	2004
Michael Scott	The Alchemyst: The Secrets of the Immortal Nicholas Flamel	2007
Margaret Mahy	The Dead Town	2011

இவற்றுள் மத்திய மற்றும் மறுமலர்ச்சி கால கட்டத்தில் எழுதப்பட்ட கதைகள் மற்றும் குறிப்புகளில் இரசவாதம் மறைமுகமாக காணப்படுகிறது. இடைக்காலத்தில் சில இடங்களில் மறைமுகவாகவும் பல இடங்களில் நேரடியாகவும் காணப்படுகிறது. ஆனால் நவீன கால எழுத்துகளில் இரசவாதம் என்பது சாதாரண வார்த்தையாக குறிப்பிடுகின்றனர்.

சில படைப்புகள் பற்றி சற்று சுருக்கமாக பார்க்கலாம்.

Frankenstein என்ற நூல் 1818 ஆண்டு Mary Shelley என்பவரால் எழுதப்பட்டது. இது வெளிவந்த காலத்தில் மக்களிடையே திகில் தொடர்புடைய நாவல்கள் மீது அதிக மோகம் இருந்தது. எனவே இந்நூலும் அதே பாணியில் எழுதப்பட்டது. இக்கதையில் Frankenstein என்ற நபர் பல உயிரியல் சார்ந்த ஆய்வுகளை மேற்கொள்ளும் நபர். அவர் ஒருமுறை திரவ கரைசலில் உள்ள மிருக உடல் பகுதிகள் மின்சாரம் மற்றும் வெப்பம் ஆகியவை கொடுக்கப்படும் போது அசைவினை அடைகிறது என்பதை உணர்கிறார். அவர் அதே முறையினை பின் பற்றி ஒரு ரட்சாச உருவம் கொண்ட ஒரு மனிதனை உருவாக்க முயல்கிறார். அவர் எவ்வாறு அதனை மேற்கொள்கிறார், இறுதியில் அதனை வெற்றிகரமாக செய்தாரா என்பது தான் கதையின் மையக்கரு. இதில் அவர் மேற்கொள்ளும் பல செயல் முறைகள் இரசவாதம் சார்ந்து தான் இருக்கும். குறிப்பாக அரேபிய இரசவாததில் உள்ள ஆற்றல் — இயற்கை தத்துவத்தை மேரி தெளிவாக குறிப்பிட்டு இருப்பார். இந்த கதையை பல முறை பலரால் திரைப்படமாக எடுக்கப்பட்டுள்ளது. மேலும் மேடை நடகமாகவும் எடுக்கப்பட்டுள்ளது.

Harry Potter and The Philosopher's Stonc என்ற J.K. Rowling என்பவரால் எழுதப்பட்டு உலக புகழ் பெற்றது. இந்த தொடர் முழுவதும் பல இடங்களில் இரசவாதம் பற்றிய குறிப்புகள் இருக்கும் குறிப்பாக முதல் பாகமான இது இரசவாததை மையக்கருவாக வைத்து தான் நகரும். இந்த கதையின் நாயகன் ஹாரி பாட்டர் 11 வயது சிறுவன், தனது 1வது தாய் தந்தையை இழந்த ஹாரி பாட்டர் சித்தி மற்றும் சித்தப்பாவின் ஆதரவில் வளர்ந்து வருகிறார். அப்பொழுது மந்திரம் மற்றும் மாயாஜால வித்தைகளை கற்று தரும் Hogwarts என்ற வித்தியாசமான பள்ளி ஒன்றில் இருந்து அழைப்பு வருகிறது. அவர் அங்கு சென்ற உடன் தான் தெரிகிறது மாயாஜால உலகத்தில் அவர் எவ்வளவு புகழுடன் இருக்கிறார் என்பதும், அதற்கு காரணம் அவர் பெற்றோர்-

கள் இறந்த போது கதையின் வில்லன் வோர்ல்டமோர்ட் என்பவனுக்கு குழந்தையானா ஹாரிக்கும் நடந்த நிகழ்வு என்பது தான். அவன் மீண்டும் உயிருடன் வருவதற்கு தத்துவஞானிகளின் கல் முக்கியம் என்பதை உணர்கிறான். ஆனால் அது ஹாரி பயிலும் பள்ளியின் தலைமை ஆசிரியர் கட்டுப்பாட்டில் உள்ளது. ஹாரி பாட்டர் தனது நண்பர்கள் உதவியுடன் வோர்ல்டமோர்டை தடுக்க முயல்கிறார். இறுதியில் எப்படி அவர் வில்லனுடைய முயற்சியை தடுக்கிறார் என்பது தான்.

இந்த கதையில் இரசவாதம் பல இடங்களில் குறிப்பிடப் பட்டுள்ளது. பள்ளியில் ஒரு பாடமாகவே இரசவாதம் உள்ளது என்று குறிப்பிடப்பட்டுள்ளது. தத்துவஞானிகளின் கல்லை பற்றி குறிப்பிடும் போது நிக்கோலஸ் பிளேமல் பற்றியும் அவர் எவ்வாறு கல்லை கண்டறிந்தார் என்பதை பற்றியும் குறிப்பிட்டு இருப்பார். இதே தலைப்பில் கடந்த 2000ம்ஆண்டு Chris Columbus இயக்கத்தில் திரைப்படமாக வெளியானது. இதன் தொடர்ச்சியாக மற்ற புத்தகத்தையும் வரிசையாக படமாக வெளிவந்தது.

மற்ற கலை படைப்புகளில் இரசவாதம்

இரசவாததிற்கும் காட்சி கலைகளுக்கும் பல காலமாக நெருங்கிய தொடர்புடையது. அதில் இரசவாதம் தொடர்புடைய பல குறியீடுகள் காணப்படுகிறது. ஆனால் ஒரு ஓவியமோ அல்லது சிலை போன்ற எந்த ஒரு கலை பொருளும் இரசவாதம் சார்ந்தது என்று நிரூபிக்க சில கட்டுப்பாடுகள் உள்ளது. இதனை Jan Bäcklund and Jacob Wamberg என்பவர்கள் நிர்ணயித்தனர். அதன் படி,

7. அந்த குறிப்பிட்ட கலை பொருளானது இரசவாததின் கலாச்சாரத்தை பிரதிபலிக்க வேண்டும்.

8. அவை இரசவாதத்துடன் சேர்த்து குறிப்பிட்ட சுற்றுசூழலையும் விவரிக்க வேண்டும்.

9. மதம் அல்லது ஓர் குறிப்பிட்ட நம்பிக்கை சார்ந்த ஓவியங்களில் கூட இரசவாதம் இடம் பெறலாம். அந்த வகையான வற்றில் இரசவாத காரணி அல்லது குறியீடு தெளிவாக இருக்க வேண்டும்.

10. படங்களில் இரசவாதம் சார்ந்த ஈர்ப்பு காரணிகள் மட்டும் வைத்து விட்டு. மிதமுள்ளவற்றை தவிரத்தாலும் இக்கோட்பாட்டில் ஏற்று கொள்ளப்படுவதில்லை.

மேற்கண்ட கோட்பாட்டின் அடிப்படையில் உள்ள சில படங்கள்.

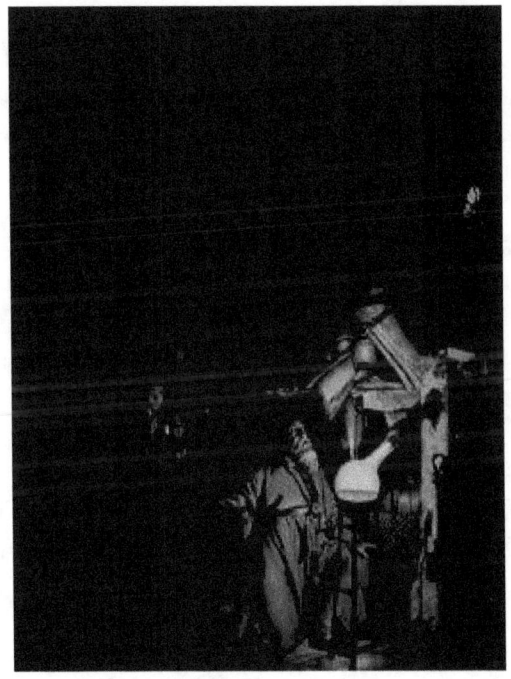

9

இரசவாதம் சாத்தியமா?

────── ௹ ──────

இரசவாதம் எனும் செயல் நிஜ வாழ்வில் சாத்தியமா என அறிய அதற்கு அறிவியல் பூர்வமாக அணுகவேண்டும். மேலும் அதன் நடைமுறை சாத்தியங்களை ஆராய்ந்து பார்த்தால் நமக்கு இரசவாதம் சாத்தியமா என புரியலாம்.

நோக்கம்

முதலில் இரசவாததின் அடிப்படை கொள்கைகளில் இருந்து பார்ப்போம்.

1. தத்துவஞானிகளின் கல்லை கண்டறிவது / உருவாக்குவது.

2. அதனை கொண்டு எந்த ஒருஉலோகங்களையும் தங்கமாக மாற்-றுவது.

3. இதன் மூலம் இறவா நிலையை அடைவது

போன்றவை அனைத்து இரசவாத முறைகளிலும் பொதுவாக காணப்படுவது. முதலில் இதன் செயல்முறைகளின் நம்பகத்தன்மை பார்ப்போம்.

தங்கமாகமாற்றுதல்

தங்கம் என்பது சாதாரண ஓர் உலோகமோ அல்லது ஆபரண பொருளோ மட்டுமல்ல. சமூக, பொருளாதார நிலையினை காட்டும் அடையாளமாகவும் உள்ளது. உலகின் அனைத்து கலாசாரத்திலும் பொதுவாக முக்கிய அம்சம் தங்கம் மட்டும் தான். உதாரணமாக பண்டைய எகிப்திய கலாசாரத்தை எடுத்து கொண்டால், அவர்களின் நம்பிக்கை படி ஓர் நபர் சொர்க்கத்திற்கு செல்வத்திற்கு அவர் சேர்த்து வைத்துள்ள தங்கத்தின் மதிப்பை பொருத்து அமையும். இதன் காரணமாக தான் அவர்கள் இறந்த நபர்களுடன் அவர்கள் சேர்த்து வைத்துள்ள தங்கத்தையும் அடக்கம் செய்கிறார்கள். ஆனால் தங்கத்தின் புழக்கம் மக்களிடம் எப்போது முதல் தொடங்கியது என்பதற்கு தெளிவான குறிப்புகள் கிடைக்கவில்லை. 1990 ஆம் ஆண்டு இஸ்ரேலின் Nahal Qanaஎன்ற இடத்தில் நடந்த அகழ்வாராய்ச்சியின் முடிவில் கிமு நான்காவது ஆயிரம் (BC 4thMillennium) (கிமு 4000 — கிமு 3000) காலத்தை சேர்ந்த தங்க களைபொருட்கள் கண்டெடுக்க பட்டுள்ளது. நமக்கு கிடைத்துள்ள ஆதாரங்களின் அடிப்படையில் இது தான் உலகின் மிகவும் பழமையான தங்க பொருள்கள். மேலும் Bulgaria நாட்டிலும் இதே கால கட்டத்தை சேர்த்த தங்க பொருள்கள் கிடைத்துள்ளது. உலகின் மிகவும் பழமையான தங்க சுரங்கம் கூட கிமு 1320ம் ஆண்டை சேர்ந்தது. அப்படி பார்க்கையில் நெடுகலமாக தங்கத்தின் புழக்கம் இருந்து வந்தது தெரிகிறது.

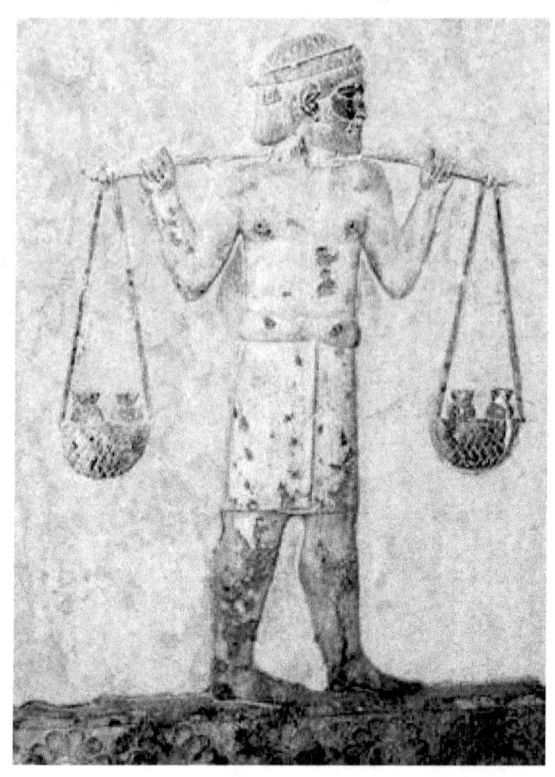

கிபி 500ம் ஆண்டை சேர்ந்த தங்க கலைப்பொருள் விற்பன்னர்

தங்கம் என்பது இரசவாததில் ஒரு அழகு பொருளாக பயன்பட-வில்லை, மாறாக தங்கம் ஒரு மதிப்பு மிக்க மருத்துவ குணம் நிறைந்த பொருளாக பார்க்கப்பட்டது. அதுவும் இறவா நிலையை அளிக்கும் உலோகம். நாம் முதலில் இரசவாத முறையில் கூறப்படுவதை போல அனைத்தையும் தங்கமாக மாற்றுவது சாத்தியமா? என்று பார்ப்போம். பின்னர் தத்துவஞானிகளின் கல் பற்றியும், இறவா நிலையை பற்றியும் பார்ப்போம்.

தங்கம் (Gold) அணு எண் 79, நிறை எண் 197 உடைய தாண்டல் உலோகங்கள் (Transition metals). இதன் வேதியியல் குறியீடு Au

(லத்தீன் மொழி வர்த்தையான Aurum என்பதிலிருந்து வந்தது). தங்கத்தின் உருகுநிலை 1064.18℃, கொதிநிலை 2970℃ ஆகும். இவை தான் இதனை பற்றிய அடிப்படை வேதியியல் குறிப்புகள்.

தங்கத்தை மட்டுமல்ல எந்த ஒரு தனிமத்தையும் வேறொரு தனிமமாக மாற்றுவதற்கு அறிவியலில் உள்ள முறைகள் இரண்டு. அவை ***அணுக்கருஇணைவு***மற்றும் ***அணுக்கருபிளவு***. இந்த பிரபஞ்சத்தில் உள்ள அனைத்து உயிருள்ள மற்றும் உயிற்ற பொருள்களும் அணுக்களால் ஆனவை. அணுக்கள் மையத்தில் உட்கரு அல்லது அணுகருவையும் வெளிப்புறம் ஆர்பிட்டால் எனும் பாதையில் எலெக்ட்ரானும் கொண்டவை. அணுக்கரு நியூட்ரான் மற்றும் புரோட்டான் ஆகியவற்றால் ஆனவை. இதில் நியூட்ரான் மின் தன்மையற்றவை, புரோடோன் நேர்மின்சுமை கொண்டவை. எலக்ட்ரான் எதிர்மின்சுமை கொண்டவை. இவற்றை தவிர பாசிட்ரான் போன்ற பல கண்டறியாத துகள்கள் உள்ளன. எலக்ட்ரான் உட்கருவை எதிர்மறை மின்சுமை காரணமாக சுற்றி வரும், பூமி சூரியனை ஈர்ப்பு விசையின் காரணமாக சுற்றி வருவதை போன்று.

இந்த அணுக்கள் தனிமங்கள் மற்றும் சேர்மங்கள் என்று இருநிலைகளில் உள்ளது. தனிமங்கள் என்பவை ஒரு தனி அணுவையும், சேர்மம் என்பது ஒன்றிற்கு மேற்பட்ட அணுக்களை குறிக்கும் சொல்லாகும். நமக்கு இது வரை கிடைத்துள்ள ஆய்வுகளின் அடிப்படையில் மொத்தம் 118 தனிமங்கள் உள்ளன. இப்பொழுது உலோக மாற்றதிற்கு வருவோம்.

அணுக்கரு பிளவு என்பது நமக்கு மிகவும் பிரசித்தி பெற்ற முறை இந்த முறையை பயன்படுத்தி அணு உலைகளில் மின்சாரம் எடுப்பது தொடங்கி அணு குண்டு வரை பயன்படுகிறது. இதில் ஒரு அணுக்கரு பிளவுப்பட்டு ஒன்றிற்கு மேற்பட்ட அணுக்கருவாக மாறுவது தான்.

$$_{92}U^{238} \rightarrow {}_{90}Th^{234} + {}_{2}He^{4}$$

தங்கத்தைவிட அதிகமாக அணு எண்ணை உடைய தனிமங்களின் அணுக்கருவை சிதைக்க முடிந்தால் தங்கத்தை உருவாக்க முடியும்.

$$_{80}Hg^{180} \rightarrow {}_{79}Ag^{179} + {}_{1}H^{1}$$

அணுக்கரு இணைவு என்பது ஒன்றிற்கு மேற்பட்ட அணுகருக்கள் ஒன்றிணைந்து புதிய அணுகருவை உருவாக்கும். அவ்வாறு அது மாற்றம் அடையும் போது அது மொத்த தனிமமே மாற்றமடையும். இந்த முறையுன் அடிப்படையில் தான் சூரியன் எரிந்து கொண்டிருக்கிறது.

அதில் இரு ஹைட்ரஜன் அணுகருக்கள் இணைந்து ஹீலியமாக மாறுவதால் நடைபெறுகிறது. ஹைட்ரஜன் குண்டு இம்முறையில் தான் செயல்படுகிறது.

$${}_{1}H^{1} + {}_{1}H^{1} \rightarrow {}_{2}He^{4}$$

அணுக்கரு இணைப்பு முறையில் தங்கமாக மாற்ற முடியுமா என்று பார்ப்போம். தங்கத்தை விட குறைவான நிறை எண் கொண்ட தனிமங்கள். அதாவது தங்கத்தை விட குறைந்த புரோட்டான் எண்ணிக்கை கொண்ட தனிமங்களின் அணுக்கருக்கள் ஒன்றிணைத்தால் மாற்றம் அடையலாம்.

$${}_{26}Fe^{56} + {}_{53}I^{127} \rightarrow {}_{79}Au^{183}$$

உதாரணமாக இரும்பு மற்றும் அயோடின் அணுகருக்களை ஒன்றிணைத்தால் தங்கத்தின் ஐசோடோப் உருவாகலாம். ஐசோடோப் என்பது சம எலக்ட்ரான் எண்ணிக்கையும் மாறுபட்ட புரோட்டான் எண்ணிக்கையும் உடையது. இது தங்கம் எனினும் அதன் சில தன்மைகள் மாறுபடலாம். கதிரியக்க தன்மை போன்ற சில மாறுபடும். இதை தவிர்க்க இரும்பு மற்றும் அயோடின் உடைய ஐசோடோப்களை பயன்படுத்தலாம்.

மற்ற பல முறைகள் இருந்தாலும் மேற்கண்ட தத்துவங்களின் அடிப்படையில் நடைபெறுகிறது. உதாரணமாக கதிரியக்கத்தை கூறலாம். ஆல்பா கதிரியக்கம் (Alpha Radiation) என்பது ஆல்பா துகள் என்று அழைக்கப்படும் ஹீலியம் அணுவை (${}_{2}He^{4}$) கொண்டு ஒரு தனிமத்தை தாக்கும் போது அதன் அணு எண் 2ம் மற்றும் நிறை எண் 4ம் அதிகரிக்கும். அதன் அடிப்படையில் எந்த ஒரு தனிமத்தையும் தங்கமாக மாற்ற முடியும். ஆனால் இதுவும் அணுக்கரு இணைவு என்ற தத்துவத்தின் அடிப்படையில் தான் உள்ளது.

எனவே, அறிவியலின் அடிப்படையில் அனைத்து உலோகங்களையும் தங்கமாக மாற்றுவது என்பது சாத்தியமான நிகழ்வு தான். எனினும் இதனை செய்வது என்பது அவ்வளவு எளிய காரியமில்லை. அதற்கு மிக அதிக தொழில் நுட்பம் தேவை. அவ்வாறு உருவாக்கப்படும் தங்கம் செயற்கை தங்கம் (Synthetic Gold) என்று அழைக்கப்படுகிறது. இதற்கு ஆகும் செலவு சாதாரண தங்கத்தை வாங்குவதை காட்டிலும் பல மடங்கு அதிகம். மேலும் தங்கத்தின் நிலை தன்மை கூற முடியாது, அது கதிர்விச்சினை ஏற்படுத்தும் அபாயம் அதிகம். அதனை உருவாக்கும் போது அதிக அளவிளனா வெப்பற்றால் வெளிப்படும். எனவே

அதனை உருவாக்குவது மிக கடினம்.

தத்துவஞானிகளின்கல்

தத்துவஞானிகளின் கல் (The Philosopher Stone) என்பது இரச-
வாதம் தொடர்புடைய அனைத்து தொகுப்புகளிலும் காணப்படுகிறது.
இதனை கண்டறிவது தான் ஓர் இரசவாதயின் உச்ச கட்ட நோக்கம்.
இதன் பயன்பாடு என்று பெரும்பாலும் குறிப்பிடுவது, அனைத்து உலோ-
கத்தையும் தங்கமாக மாற்றுவது என்பது தான். மேலும் சிலர் குறிப்-
பிடுவது உடலின் அனைத்து விதமான நோய்களையும் குணமாகுவது,
மரணமற்ற வாழ்வை அளிப்பது போன்றவையாகும்.

அறிவியலில் இதற்கான சாத்தியங்களை பார்ப்போம். முன்பு பார்த்-
ததை போல தங்கமாக மாற்றுவதற்கான சாத்திய கூறு கதிரியக்கம். ஒரு
வேலை அந்த தத்துவஞானிகளின் கல் கதிரியக்க தன்மை கொண்ட
ஒரு பொருளாக இருக்கலாம். அப்படி இருக்கும் பட்சத்தில் மட்டுமே
எந்த ஒரு உலோகத்தையும் தங்கமாக மாற்றுவது சாத்தியமான காரியம்.
இங்கு நாம் கவனமாக பார்க்க வேண்டியது இன்னொரு விசயம் தத்துவ-
ஞானிகளின் கல்லை பற்றி குறிப்பிடும் பல இடங்களில் அது தங்கமாக
உருவாக்குவது என்று தான் குறிப்பிட்டுள்ளனர். அப்படியெனில் அது
அதிக வெப்ப நிலையை தரும், தங்கத்தின் உருகுநிலை $1064.18\,^{\circ}C$ இது
சூரியனின் வெளிப்புற வெப்பநிலையில் ஐந்தில் ஒரு பகுதிக்கு இணை-
யானது. இது அணுக்கரு இணைவு வினைகளில் மட்டுமே சார்த்தியம்.
உருகிய நிலையை தங்கத்தை அடைய கிடைக்கும் மற்றோரு வழி ஒரு
கரைப்பானில் தங்கத்தை கரைப்பது. தங்கம் எந்த ஒரு சாதாரண கரைப்-
பானிலும் கரையும் தன்மையற்றது. வேதியியலில் அதற்கு பயன்படுத்து-
வது கந்தக அமிலம் மற்றும் ஹைட்ரோ குளோரிக் அமிலத்தின் கலவை
($H_2SO_4 + HCl$). இவை மட்டும் தான் அறிவியலின் படி தங்கத்தை
உருக்க பயன்படுத்தும் முறைகள்.

இப்படி பல தன்மைகளை உடைய ஒரு கல்லை உருவாக்குவது
என்பது இன்று வரை இயலாத காரியம். உதாரணமாக அணு உலைகள்
அணுக்கரு பிளவு என்ற நடைமுறையை பின்பற்றி வருகிறது. அதற்கு
பல அடுக்கு பாதுகாப்பு மேற்கொள்ளப்பட்ட பொழுதும் கத்திரவிச்சு
பாதிப்புகள் ஏற்படுகின்றன. அதற்கு தேவையான ஆள் செலவு, பொருள்

செலவு மிக அதிகம். அப்படி இருகையில் அதனை எப்படி சாதாரண-மாக ஒரு சிறிய கல்லில் செய்வது சாத்தியமான காரியம்.

மரணமற்ற வாழ்க்கை

இரசவாததின் முக்கிய நோக்கமே இந்த மரணமற்ற வாழ்வை அடைவ-தும், அனைத்து விதமான நோய்களிடமிருந்து குணமாகுவது.

எந்த ஒரு அறிவியல் விளக்கமும் மரணமற்ற வாழ்க்கைக்கு இல்லை. அறிவியலின் படி அது சாத்தியமும் இல்லை. எனவே அனைத்து நோய்களிடமிருந்து குணமாகுவது என்ற பகுதியை பார்ப்-போம். இரசவாததில் இதற்காக பயன்படுத்துவது தங்கம் மற்றும் வெள்ளி ஆகிய இரு உலோகங்கள். தங்கம், வெள்ளி ஆகிய இரண்டுக்கும் தனித்துவமான பல மருத்துவ குணங்கள் உள்ளன. ஆனால் இவை அனைத்து நோய்களுக்கும் மருந்தாக எடுக்கமுடியாது. சில சமயங்களில் இரத்தத்தில் தனிமங்களின் அளவு அதிகமாக இருந்தால் உயிருக்கு கூட ஆபத்து விளைவிக்கலாம். இப்படி இருக்கும் நிலையில் அனைத்து வித-மான நோய்களுக்கும் எப்படி குணப்படுத்த முடியும். ஆனால் அதற்கு உள்ள நுண்ணுயிர் எதிர்ப்பு சக்தி காரணமாக கூட அவர்கள் அவ்வாறு குறிப்பிட்டிருக்காலம். ஏனெனில் அக்காலத்தில் எந்த விதமான ஆன்டி பையாடிக் மருந்துகளும் கண்டறியப்படவில்லை. வெளிப்புற நோய் தொற்றுக்கு உலோகங்கள் அனைத்து நல்ல மருந்தாக அமையும். ஆனால் அதற்காக எதற்கு அனைத்து உலோகத்தையும் அவ்வளவு கஷ்டப்பட்டு அவர்கள் உருவாக்க வேண்டும். ஏதோ ஒரு உலோகத்தை உருவாக்கி இருக்கலாம் அல்லவா?

உண்மையில்இரசவாதம்என்பதுஎன்ன?

இரசவாததின் சாத்திய கூறுகளை அறிய அதன் அனைத்து தன்மைக-ளையும் மீண்டும் ஆராய வேண்டும். இரசவாதம் ஒரு குறிப்பிட்ட துறை-யினை மட்டும் சார்ந்தது என்று அதனை நாம் ஒதுக்கி விட முடியாது. மருத்துவம், வேதியியல், இயற்பியல் மற்றும் பௌதிகவியல் போன்ற பன்-முகத்தன்மை கொண்டவை. சீன இரசவாததை எடுத்து கொண்டால் யின் யோங் போன்று ஒரு பௌதீக சார்ந்த இரசவாதமாக இருக்கும்.

அரேபிய இரசவாதம் முழுவதும் வேதியியல் சார்ந்ததாக இருக்கும், இந்-
திய இரசவாதம் மருத்துவம் சார்ந்ததாக இருக்கும், ஐரோப்பிய இரசவா-
தம் மாந்திரிகம் போன்ற சிலவற்றை சார்ந்து இருக்கும்.

இரசவாதம் அனைத்து வகைகளிலும் சாத்தியமா என்றால் இல்லை
என்று தான் கூற வேண்டும். ஆனால் ஒருசில துறைகளில் அதன் முக்-
கியத்துவம் வாய்ந்ததாக உள்ளது. உதாரணமாக தற்போது மிக முக்கி-
யத்துவம் வாய்ந்ததாக இருக்கும் வேதியியலின் அனைத்து பிரிவுகளிலும்
இரசவாதம் இன்றியமையாதாக உள்ளது. இதன் காரணமாக தான் இரச-
வாததை முற்கால வேதியியல் என்று அழைக்கின்றனர்.

இன்று வரை எந்த நபரும் தத்துவஞானிகளின் கல்லை கண்டறிய-
வில்லை. இதனால் கூட இரசவாததை மறுத்துவிட முடியாது.

10

பயன்பாட்டில் இரசவாதம்

இரசவாதம் இன்றைய நவீன உலகில் நமக்கு தெரிந்தும் தெரியாமலும் பலவற்றில் பயன்படுத்திகிறோம். அதனை பற்றி நாம் தெரிந்து கொள்வது இரசவாதம் பற்றி அறிவதில் மிகவும் முக்கியமானது.

அறிஞர்கள் இரசவாதத்தின் பயன்பாட்டை குறிப்பிடும் போது அதை நவீன இரசவாதம் (Modern Alchemy) என்று குறிப்பிடுகின்றனர். சிக்கலான மற்றும் தெளிவற்ற இரசவாதம் தொடர்புடைய குறிப்புகள் காரணமாக 18ம் நூற்றாண்டுக்கு பிறகு இரசவாதம் தொடர்புடைய ஆய்வுகள் மெல்ல மெல்ல குறைய தொடங்கியது. மீதமுள்ள இரசவாதம் பற்றிய குறிப்புகளும் வேதியியலுக்கு சென்றது. இதன் காரணமாக இக்கால வேதியியலில் இரசவாதம் நேரடியாகவும், மறைமுறையாகவும் பல இடங்களில் உள்ளது. அதனை தவிர மருத்துவம், தத்துவவியலிலும் பரவலாக காணப்படுகிறது.

வேதியியல் சார்ந்த பயன்பாடு

இது முன்பு கூறியது போல தான், இதன் காரணமாக தான் தமிழில் வேதியியலுக்கு இன்னொரு பெயர் இரசாயனவியல் என்று வந்தது. இதன் மூலமே இரசவாததிற்கும் வேதியிலுக்கும் இடையே உள்ள தொடர்ப்பை உணரமுடியும்.

அனலைட்டிகள் கெமிஸ்ட்ரி (Analytical Chemistry) எனப்படும் பகுப்பாய்வு வேதியியலில் உள்ள பெரும் பகுதிகள் நேரடி இரசவாதம் தொடர்புடையது. பகுப்பாய்வு வேதியியல் என்பது பருபொருட்களை மூலக்கூறுகளாக பிரித்தெடுத்து அவற்றை அடையப்படுத்துதல் மற்றும் அவற்றின் தன்மைகளை அறிய பயன்படுத்தும் அறிவியலின் ஒரு பிரிவு. இதற்கு பயன்படுத்தும் செயல்முறைகள் பலவும் இரசவாததில் செயல்படுத்தியவை தான். உதாரணமாக படிகமாதல் எனும் செயல் முறையில் திரவ கரைசலில் அதன் வீழ்ப்படிவு தன்மையை பொருத்து படிகமாக மாற்றுவது. இதே போன்று தான் இரசவாததில் எந்த ஒரு உலோகத்தை-யும் படிமமாக மாற்ற பயன்படுகிறது. மேலும் பகுப்பாய்வு வேதியியலில் வரும் வடிகட்டுதல், டிஸ்டிலேஷன் போன்ற நிகழ்வுகக்கும் உள்ளது.

உலோகவியல், அணுக்கரு வேதியியல் போன்ற பல பிரிவு வேதி-யியல் இந்த இரசவாதம் சார்ந்து உள்ளது. உதாரணமாக அணுக்கரு வேதியியல் மற்றும் அணுக்கரு இயற்பியலில் முன்பு நாம் பார்த்ததை போல அணுக்கரு இயல்பு மாற்றம் போன்ற முறைகளின் அடிப்படை கூறுகள் இரசவாததில் உள்ளது.

மருத்துவத்தில் இரசவாதம்

மருத்துவத்தில் இரசவாதம் பல இடங்களில் பயன்படுத்தப்பட்டுள்ளது. இரசவாததில் முக்கிய பயன்பாடு வெறும் அனைத்து உலோகங்களையும் தங்கமாக மாற்றுவது மட்டுமல்ல அதனை பயன்படுத்தி இறவா வரம் பெறுவது தான் என பார்த்தோம். இறவா நிலையை அடைய வழியினை கண்டறிய முடியா விட்டாலும் இன்றளவும் அதன் பயன்பாடு மருத்துவ உலகில் உள்ளதை நம்மால் மறுக்க இயலாது.

உலகம் முழுவதும் உள்ள பாரம்பரிய அல்லது மரபு சார்ந்த மருத்துவ முறைகளில் இரசவாதம் அடிப்படையிலான இயல்புமாற்றங்களை கொண்டுள்ளது. உதாரணமா அனைத்து ஆயுர்வேத தயாரிப்பு மருந்-துகளிலும் ஏதோ ஒரு உலோகம் கலவையாக இருக்கும். பொதுவாக பாதரசம், ஈயம் போன்ற கன உலோகங்கள் சேர்க்கப்படுகிறது. இவை குறிப்பிட்ட மூலிகைகளில் விஷ தன்மையை நீக்க பயன்படுகிறது. இதை போல சீன இரசவாததில் உள்ள பாவோ ஷியியில் கூட வெப்பநிலை, சுவை மற்றும் விஷ தன்மையை மாற்ற உலோகங்கள் மற்றும் இரசவாத

முறைகள் பயன்படுத்த படுகிறது.

உலோகங்களை பயன்படுத்தபடுவது மட்டுமின்றி இரசவாத முறை-களை பயன்படுத்தி தாவரங்கள், மலர்கள், தனிமங்கள் மற்றும் உயிரிய பொருள்களை மருத்துவ குணமுள்ள பொருளாக மாற்றப்படுகிறது. இதற்கு சிறந்த உதாரணம் மத்திய கால ஐரோப்பாவில் சில இரசவா-திகள் முறைகளை கையாண்டனர். அந்த முறைகள் மற்ற வேதியியல் மற்றும் உயரியியல் முறைகளிடம் இருந்து முழுவதுமாக தனித்துவமாக உள்ளது. 1512ம் ஆண்டு தற்போது பிரான்சில் *Liber de Arte Distillandi* என்ற புத்தகம் வெளியிடப்பட்டது. இதன் ஆசிரியர் பற்றி தெளிவான குறிப்புகள் கிடைக்கவில்லை.

அதில் இரசவாததில் இரசவாத முறைகளை சாராத சில செயல் முறைகளும் கிடைத்துள்ளன. அறிஞர்கள் அதனை மருத்துவம் சார்ந்த இரசவாதமாக கருதுகின்றனர்.

மேலே குறிப்பிட்டுள்ள ஓவியத்தில் இருவர் மூலிகைகளை கொண்டு ஒரு பொருளை பிரித்து எடுப்பதாக காட்டப்பட்டுள்ளது. இதை பற்றி சில அறிஞர்கள் கூறும் போது தற்காலத்தில் பயன்படுத்த படும் டிஸ்-டிலேஷன் யூனிட் உடைய மாதிரி வடிவமாக உள்ளது. மேலும் மிகவும் சிக்கலான அமைப்பாக உள்ளது.

தத்துவமும் இரசவாதமும்

இரசவாதம் என்பது பொதுவாக அறிவியல் சார்ந்த ஒரு செயல்முறை-
யாகவும், மாயாஜாலம் போன்ற ஒரு விசித்திரமான வரலாற்று நிகழ்வாக
கருதப்பட்டது. அறிவியல் சார்ந்த செயல்முறைகள் தவிர தத்துவம் மற்-
றும் ஆன்மிகம் சார்ந்த ஒரு தத்துவார்த்த கலையாகவும் இருந்து வரு-
கிறது. உதாரணமாக நியூட்டனின் இரசவாததில் அவர் மேற்கொண்ட
இரசவாதம் கடவுளின் திட்டத்தை இந்த உலகிற்கு நிரூபிக்க கொண்டுள்-
ளார். சீன இரசவாததில் வரும் யின் மற்றும் யாங் முழுக்க தத்துவ ரீதி-
யாக மட்டுமே உள்ளது. அரேபிய இரசவாததில் கூட Geber உடைய
குறிப்புகளை அறிவியல் மற்றும் தத்துவம் சார்ந்த தொகுப்பாக இருக்கும்.

பொதுவாக இரசவாததில் தத்துவம் என்பது நேரடி தொடர்பு இல்லா-
தது. ஆனால் இது பல தத்துவம் உருவாக மையக்கருவாக அமைத்தது
என்பது குறிப்பிடத்தக்கது.

About The Author

இந்த புத்தகத்தை படித்த அனைத்து உள்ளங்களுக்கும் என் நன்றியை முதலில் கூறிக்கொள்ள விரும்புகிறேன். என் பெயர் *ஜூல்பிஹார் அஹமது*. இது நான் எழுதும் நான்-காவது புத்தகம், இதை நான் ஒரே புத்தகமாக வெளி-யிடலாம் என்று தான் முதலில் எண்ணினேன். ஆனால் இதனை இரண்டு புத்தகமாக வெளியிட்டால் அதிக கருத்-துக்களை பகிர முடியும் என்பதால் இவ்வாறு வெளியிட முடிவு செய்தேன். என்னை பற்றி கூற நான் ஒன்றும் பெரிய எழுத்தாளரோ, புத்தக ஆசிரியரோ இல்லை. எழு-

துவதும், சில புத்தகத்தை படிப்பதும் என் பொழுதுபோக்கு. இந்த புத்தகத்தை பற்றிய உங்களின் கருத்துக்களை இந்த புத்தகத்தை வாங்கிய தளத்திலோ அல்லது julbiharahamed@gmail.comஎன்ற மின்னஞ்சல் முகவ-ரியில் தெரிவிக்கவும்.

Other Books By Julbiharahamed K

Science Facts (Tamil): About The Known
Things
Science Facts: About The Known Things
காலப்பயணம்: சாத்தியமானால்?
Time Travel: If Possible?
Da Vinci: மறுக்கப்பட்ட மாமனிதர்
Da Vinci: Most Rejected Great Man
இரசவாதம்: அறிவியலின் மறைந்த பக்கம் - பகுதி I
Alchemy: An Hidden History of Science —
Part I